David Peters

Anisotrope antiferromagnetische Heisenberg-Ketten mit Spin S = 1

David Peters

Anisotrope antiferromagnetische Heisenberg-Ketten mit Spin S = 1

Südwestdeutscher Verlag für Hochschulschriften

Impressum/Imprint (nur für Deutschland/only for Germany)
Bibliografische Information der Deutschen Nationalbibliothek: Die Deutsche Nationalbibliothek verzeichnet diese Publikation in der Deutschen Nationalbibliografie; detaillierte bibliografische Daten sind im Internet über http://dnb.d-nb.de abrufbar.
Alle in diesem Buch genannten Marken und Produktnamen unterliegen warenzeichen-, marken- oder patentrechtlichem Schutz bzw. sind Warenzeichen oder eingetragene Warenzeichen der jeweiligen Inhaber. Die Wiedergabe von Marken, Produktnamen, Gebrauchsnamen, Handelsnamen, Warenbezeichnungen u.s.w. in diesem Werk berechtigt auch ohne besondere Kennzeichnung nicht zu der Annahme, dass solche Namen im Sinne der Warenzeichen- und Markenschutzgesetzgebung als frei zu betrachten wären und daher von jedermann benutzt werden dürften.

Coverbild: www.ingimage.com

Verlag: Südwestdeutscher Verlag für Hochschulschriften GmbH & Co. KG
Heinrich-Böcking-Str. 6-8, 66121 Saarbrücken, Deutschland
Telefon +49 681 37 20 271-1, Telefax +49 681 37 20 271-0
Email: info@svh-verlag.de

Zugl.: Aachen, RWTH, Diss., 2012

Herstellung in Deutschland (siehe letzte Seite)
ISBN: 978-3-8381-3360-7

Imprint (only for USA, GB)
Bibliographic information published by the Deutsche Nationalbibliothek: The Deutsche Nationalbibliothek lists this publication in the Deutsche Nationalbibliografie; detailed bibliographic data are available in the Internet at http://dnb.d-nb.de.
Any brand names and product names mentioned in this book are subject to trademark, brand or patent protection and are trademarks or registered trademarks of their respective holders. The use of brand names, product names, common names, trade names, product descriptions etc. even without a particular marking in this works is in no way to be construed to mean that such names may be regarded as unrestricted in respect of trademark and brand protection legislation and could thus be used by anyone.

Cover image: www.ingimage.com

Publisher: Südwestdeutscher Verlag für Hochschulschriften GmbH & Co. KG
Heinrich-Böcking-Str. 6-8, 66121 Saarbrücken, Germany
Phone +49 681 37 20 271-1, Fax +49 681 37 20 271-0
Email: info@svh-verlag.de

Printed in the U.S.A.
Printed in the U.K. by (see last page)
ISBN: 978-3-8381-3360-7

Copyright © 2012 by the author and Südwestdeutscher Verlag für Hochschulschriften GmbH & Co. KG and licensors
All rights reserved. Saarbrücken 2012

Inhaltsverzeichnis

1. Einleitung   **3**

2. Methoden   **5**
2.1. Exakte Diagonalisierung 5
2.2. Dichtematrix-Renormierungsgruppe (DMRG) 8
    2.2.1. Matrixproduktzustände 9
    2.2.2. Numerische Handhabung von Matrixproduktzuständen 12
    2.2.3. DMRG für endliche und unendliche Systeme 16
    2.2.4. Anwendungsbeispiel: Korrelationsfunktionen 20

3. Modelle und Überblick zu Grundzustandsphasendiagrammen   **27**
3.1. Klassische Heisenbergkette mit Austausch- und Ein-Ionen-Anisotropien   29
3.2. Quantenvariante mit Spin $S = 1$ 35

4. Detaillierte Beschreibung der Phasen der anisotropen $S = 1$-Kette   **37**
4.1. Phasenbestimmung und Überblick 37
4.2. Die massiven Phasen 42
    4.2.1. Antiferromagnetische Phase 42
    4.2.2. Large-D- oder Singulett-Phase 44
    4.2.3. Phase mit Magnetisierungsplateau bei $m = 1/2$ 44
    4.2.4. Ferromagnetische Phase 45
4.3. Die kritischen Phasen 46
    4.3.1. Supersolid-Phase 48
    4.3.2. Spinflüssigkeitsphase 50
4.4. Konforme Ladung 61

5. Quantenphasenübergänge   **65**
5.1. Übergänge von einer massiven zu einer kritischen Phase 66
5.2. Übergänge zwischen kritischen Phasen 68
5.3. Übergang zwischen massiven Phasen 73

6. Zusammenfassung   **75**

A. Störungstheorie für negative $D \ll 0$ 79

B. Bestimmung der alternierenden Magnetisierung   81

Literaturverzeichnis   83

1. Einleitung

Uniaxial anisotrope Heisenberg Antiferromagnete im Magnetfeld sind seit einer Reihe von Jahren Gegenstand von theoretischen und experimentellen Analysen [1–5]. Dabei hat sich gezeigt, dass sich insbesondere Gitterdimensionalität und -typ, Reichweite der Wechselwirkungen, Art der Anisotropieterme und Spinwert wesentlich auf magnetische Strukturen und Phasenübergänge auswirken können.
In der folgenden Doktorarbeit werden Grundzustandseigenschaften einer antiferromagnetischen $S = 1$ Heisenberg-Spinkette mit Austausch- und quadratischer Ein-Ionen-Anisotropie in einem äußeren Magnetfeld untersucht werden. Das Modell wird auch als XXZ-Modell mit Ein-Ionen-Anisotropie bezeichnet. Eine detaillierte Analyse des Modells ist aus verschiedenen Gründen wichtig und lohnend.
Zum Einen beschreibt das Modell eine Vielzahl von magnetischen Phasen. Sie können massiv sein (u.a. antiferromagnetische und ferromagnetische Phase) oder kritisch (Spinflüssigkeitsphase und Supersolid-Phase). Eine genaue Charakterisierung sowie Identifizierung dieser Phasen und Klassifizierung resultierender Quantenphasenübergänge wird ein zentraler Gegenstand dieser Untersuchung sein.
Zum Anderen weisen einige dieser Phasen Analogien und Unterschiede zu klassischen magnetischen Strukturen auf, z.B. die Spinflüssigkeitsphase zu der Spin-Flop-Struktur. In dem Zusammenhang werden Grundzustands-Phasendiagramme der Quanten-Spinkette, $S = 1$, mit den entsprechenden Phasendiagrammen für den klassischen Limes, $S \to \infty$, bei Temperatur $T = 0$ verglichen werden.
Des Weiteren gibt es interessante Abbildungen zwischen anisotropen Heisenberg Antiferromagneten und Quanten-Gittergasen [6–8]. Daher können magnetische Phasen Gittergas-Strukturen (kristallin, normal- oder superflüssig, gasförmig,...) zugeordnet werden. Hohe Aufmerksamkeit hat in den letzten Jahren dabei insbesondere die „supersolid" (auf Deutsch mitunter: „suprasolide") Struktur gefunden, bei der kristalline und superflüssige Ordnung koexistieren. Im Zusammenhang mit der Bose-Einstein-Kondensation von Kristalldefekten [9] und analytischen Überlegungen zu der Form der Wellenfunktion von Bose-Einstein-Kondensaten [10, 11] war die mögliche Existenz eines solchen Quantenzustandes schon vor einiger Zeit vorgeschlagen worden. Interessanterweise wird heute der Begriff „supersolid" benutzt, um die entsprechende Phase des Quanten-Magneten zu beschreiben [12]. Die analoge klassische, magnetische Phase ist die „bikonische" (oder „Doppelkegel"-) Struktur [13,14]. Bemerkenswerterweise scheinen solche Phasen in der Natur eher in der magnetischen Ausprägung als in der Gittergas-Variante realisiert zu werden [12, 15, 16].
Generell gibt es ein großes Interesse an Grundzustandseigenschaften von anisotropen, eindimensionalen $S = 1$ Heisenberg Antiferromagneten; insbesondere im Zusammenhang mit kommensurablen und inkommensurablen Varianten von Spinkorrelations-

funktionen [17], im Zusammenhang mit Analogien zu Luttingerflüssigkeiten [18] und im Zusammenhang mit der Haldane-Phase [19, 20].
Letztlich sind jüngere Experimente zu erwähnen, bei denen Tieftemperaturphänomene von niederdimensionalen anisotropen antiferromagnetischen Heisenberg-Modellen untersucht worden sind [21, 22].
Die vorliegende Arbeit knüpft an zwei neuere theoretische Untersuchungen zu Grundzustandseigenschaften der genannten $S = 1$ Heisenberg-Spinkette an [23, 24]. Im Folgenden werden eine Reihe von dabei offengebliebenen Fragen zur Charakterisierung von Phasen und Phasenübergängen des Modells aufgegriffen und ausführlich analysiert werden. An dieser Stelle sei eine weitere interessante, kürzlich erschienene Publikation erwähnt, in welcher für die $S = 1$ Spinkette der Quantenphasenübergang zwischen der Supersolid-Phase und massiven Phasen untersucht worden ist [25].
Bei der vorliegenden Analyse wird die Methode der Dichtematrix-Renormierungsgruppe (DMRG) angewendet, in den Varianten für endliche und unbegrenzte (infinite beziehungsweise iDMRG) Spinketten [26–28]. Ergänzend werden exakte Diagonalisierungen für kurze Ketten und Quanten-Monte-Carlo-Simulationen, basierend auf der „stochastischen Reihenentwicklung" (englische Abkürzung: SSE) [29–31], durchgeführt.
Die Arbeit gliedert sich wie folgt: Im zweiten Kapitel werden die erwähnten Methoden vorgestellt und erläutert. Im dritten Kapitel werden Grundzustands-Phasendiagramme für die Quanten-Spinkette und das klassische Analogon behandelt werden. Dabei werden solche für das Quantenmodell und das klassische Analogon einander gegenübergestellt werden. Im nächsten Kapitel werden Phasen der $S = 1$-Spinkette detailliert analysiert werden. Insbesondere mit Hilfe der DMRG-Methode bestimmte Korrelationsfunktionen werden mit Voraussagen der Bosonisierung verglichen. Im vorletzten Kapitel werden ausgewählte Beispiele von Quantenphasenübergängen erörtert, bevor im letzten Kapitel eine Zusammenfassung gegeben werden wird. Anhänge zur Störungstheorie des Quantenmodells und der numerischen Bestimmung der alternierenden Magnetisierung sowie das Literaturverzeichnis schließen die Arbeit ab.

2. Methoden

Als Lösung eines quantenmechanischen Problems betrachtet man gemeinhin die Bestimmung des Grundzustandes oder des gesamten Spektrums eines gegebenen Hamiltonoperators. Für anisotrope Spin-1 Heisenberg-Ketten, die der Gegenstand dieser Arbeit sind, ist es im Allgemeinen nicht möglich eine analytische Lösung anzugeben. Daher ist man auf numerische Verfahren angewiesen. Die numerischen Methoden, die in dieser Arbeit verwendet werden, sollen so im Folgenden dargestellt werden. Zunächst wird die exakte Diagonalisierung behandelt, welche eine der Standardtechniken zum Studium von Spinketten ist. Bereits 1964 untersuchten Bonner und Fisher [32] mit dieser Methode das thermische und magnetische Verhalten von anisotropen $S = 1/2$-Spinketten im Feld. Für aktuellere Anwendungen der exakten Diagonalisierung auf Spinketten sei z.b. auf [33] verwiesen. Danach wird die Methode der Dichtematrix-Renormierungsgruppe (DMRG) dargestellt werden, die sich zu einem sehr vielseitigen Instrument zum Studium von eindimensionalen Quantensystemen entwickelt hat.

2.1. Exakte Diagonalisierung

Das zuvor aufgeworfene Problem lässt sich auch so fassen: Gegeben eine Basis des Hilbertraumes $|n\rangle$, so lassen sich die Matrixelemente $H_{mn} = \langle m|\hat{H}|n\rangle$ des Hamiltonoperators $\hat{H}$ in dieser Basis zu einer Matrix H zusammenfassen. Gesucht ist nun eine unitäre Matrix U, so dass $D = U^\dagger H U$ Diagonalgestalt hat. Die Existenz einer solchen Matrix U folgt aus der Hermitizität von $\hat{H}$, sie stellt die Transformation der ursprünglichen Basis $|n\rangle$ zu einer Eigenbasis des Hamiltonoperators dar.

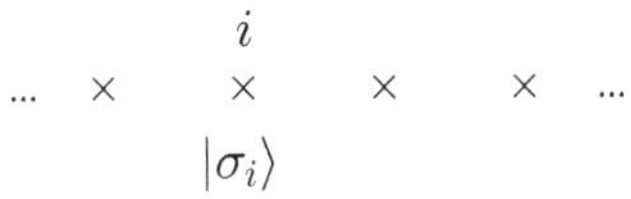

$$\begin{array}{ccccc} & & i & & \\ \ldots \times & \times & \times & \times & \ldots \\ & & |\sigma_i\rangle & & \end{array}$$

Abbildung 2.1.: Ausschnitt einer Spinkette mit den möglichen, lokalen Zuständen $|\sigma_i\rangle$ am Platz i.

Bestünde die Basis, von der man ausgeht, bereits aus Eigenvektoren, so wäre das Problem selbstverständlich gelöst (man könnte für U die Einheitsmatrix wählen). Im Allgemeinen ist dies natürlich nicht der Fall. Für die Systeme, die wir betrachten möchten, gibt es eine einfache „kanonische" Basis. Dazu werden für Ketten mit Spinwert S zuerst jedem Gitterplatz, i, die Eigenzustände, $|\sigma_i\rangle$, zum S^z-Operator mit den Eigenwerten $\sigma_i = -S, -S+1, \ldots S-1, S$ zugeordnet ($\hbar$ wird hier wie im Folgenden gleich 1 gesetzt). Eine Basis des gesamten Hilbertraums für eine Kette der Länge L

ist dann gegeben durch die Produktzustände der Form $|\sigma_1 \ldots \sigma_L\rangle = |\sigma_1\rangle \otimes \cdots \otimes |\sigma_L\rangle$. Die Anzahl dieser Zustände wächst offensichtlich exponentiell mit der Systemgröße, d^L, wobei $d = 2S + 1$ die Dimension der lokalen Basis ist. Somit skaliert die Matrixgröße exponentiell mit der Systemgröße. Dieses Verhalten erschwert offenbar die numerische Behandlung größerer Systeme. [1]

Das Aufstellen der Matrix lässt sich optimieren [34]. Eine wichtige Möglichkeit ist die Ausnutzung von Symmetrien beziehungsweise korrespondierenden Erhaltungsgrößen. Ist die Erhaltungsgröße eine skalare Observable, wie zum Beispiel die Magnetisierung, d.h. die z-Komponente des Gesamtspins $S^z_{tot} = \sum_i S^z_i$, so wählt man geschickterweise die Basis $|n\rangle$ so, dass sie aus Eigenzuständen zu der Erhaltungsgröße besteht. Für die Magnetisierung wäre somit die oben eingeführte Produktbasis zweckmäßig, bei der jeder einzelne lokale Zustand auf dem Platz i Eigenzustand zu dem Operator S^z_i ist, weil dann per Konstruktion jeder Basiszustand Eigenzustand zu S^z_{tot} ist. Da Basiszustände $|m\rangle$ und $|n\rangle$ zu unterschiedlichen Werten der Erhaltungsgröße orthogonal sind und sich der Wert der Erhaltungsgröße unter der Wirkung von $\hat{H}$ nicht ändert, muss $\langle m|\hat{H}|n\rangle = 0$ sein. Deshalb ist es zweckmäßig die Basis so umzusortieren, dass Bereiche mit gleichem Wert der Erhaltungsgröße aufeinanderfolgend zusammengefasst werden. Dadurch ergibt sich für die Matrix $\boldsymbol{H}$ eine Blockdiagonalgestalt wie sie in Abbildung 2.2 dargestellt ist.

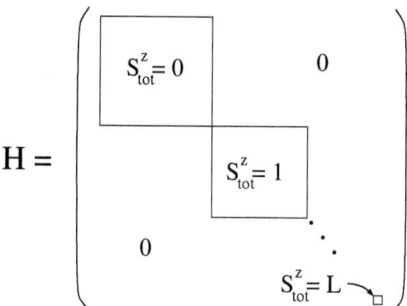

Abbildung 2.2.: Blockdiagonalgestalt von $\boldsymbol{H}$ aufgrund der Erhaltungsgröße S^z_{tot}. Wegen der Symmetrie $S^z_{tot} \leftrightarrow -S^z_{tot}$, genügt es weiterhin nur die Quantenzahlen $S^z_{tot} = 0 \ldots L$ zu betrachten.

Die Vereinfachung, die dadurch erzielt wird, liegt darin, dass man für die Matrix $\boldsymbol{U}$, die die Diagonalisierung bewirkt, nun auch eine Blockdiagonalgestalt annehmen kann, wobei die einzelnen Blöcke der Matrix $\boldsymbol{U}$ gerade jene der Matrix $\boldsymbol{H}$ auf Diagonalform transformieren. Man kann das Problem also in kleinere Einzelprobleme zerlegen, indem man es auf die Unterräume einschränkt, in denen die Erhaltungsgröße einen festen Wert hat.

---

[1] Oft ist man an Observablen im thermodynamischen Limes $L \to \infty$ interessiert, z.B. zur Betrachtung von Phasenübergängen. Hierfür werden in der Regel hinreichend große System benötigt, so dass der Limes verlässlich bestimmt werden kann („Finite-Size-Extrapolation").

2.1 Exakte Diagonalisierung

Nach dieser Optimierung, die sich schon bei dem Aufstellen der Matrix des Hamiltonoperators ergibt, seien nun kurz einige Verfahren erwähnt, mit denen man die Matrix diagonalisieren oder sich zumindest einzelne ihrer Eigenwerte und Eigenvektoren beschaffen kann [35].

Bei der vollen oder kompletten Diagonalisierung bestimmt man mit Hilfe geeigneter numerischer Verfahren alle Eigenwerte und Eigenvektoren, vgl. [33], für ein Beispiel dieser Methode s. [32]. Dies hat den Vorteil dass man für Observablen, weil das komplette Spektrum bekannt ist, auch thermische Erwartungswerte bestimmen kann. Allerdings ist die dafür nötige Anzahl von Operationen $\mathcal{O}(n^3)$, wobei n die Matrixdimension ist (hier d^L).

Verzichtet man darauf, das ganze Spektrum zu bestimmen, so kann man auf Iterationsverfahren zurückgreifen, die nur gezielt einzelne Eigenwerte und Eigenvektoren bestimmen. Der Aufwand lässt sich dann auf $\mathcal{O}(n^2)$ oder bei dünn besetzten Matrizen sogar $\mathcal{O}(n)$ reduzieren, weil bei diesen Verfahren ausschließlich Matrix-Vektormultiplikationen ausgeführt werden mit eben jenem Aufwand.

Das sicherlich einfachste Verfahren stellt die Vektoriteration, auch Potenzmethode oder von-Mises-Verfahren, dar [36]. Die Funktionsweise versteht man leicht, indem man einen beliebigen Startzustand $|b\rangle \neq 0$ in einer Eigenbasis $\{|n\rangle\}$ des Hamiltonoperators $\hat{H}$ darstellt $|b\rangle = a_0|0\rangle + a_1|1\rangle + a_2|2\rangle \ldots$,[2] wobei die Zustände nach aufsteigender Energien geordnet seien, $E_0 < E_1 \leq E_2 \ldots$, und das Energiespektrum, wenn nötig, so verschoben sei, dass die Grundzustandsenergie den maximalen Betrag aller Energien aufweist. Mehrfache Anwendung von $\hat{H}$ auf $|b\rangle$ erbringt dann $\hat{H}^n|b\rangle = a_0 E_0^n|0\rangle + a_1 E_1^n|1\rangle + \ldots$. Solange der Überlapp von $|b\rangle$ und $|0\rangle$ nicht verschwindet, ist $a_0 \neq 0$ und für genügend große n ist $a_0 E_0^n|0\rangle$ der dominante Term, weil E_0 den maximalen Betrag hat. Sukzessive Anwendung von $\hat{H}$ „dreht" $\hat{H}^n|b\rangle$ also immer mehr in Richtung des Grundzustandes.[3] Wie schnell dies geschieht, lässt sich über die Konvergenzordnung angeben, die bei diesem Verfahrens 1 ist oder linear, d.h. der Fehler wird mit jedem Schritt wenigstens um einen festen Faktor c reduziert. Diese Konvergenzgeschwindigkeit c hängt von der Separation der ersten beiden Eigenwerte ab: $c = |E_0/E_1|$.

Um die Konvergenz zu verbessern kann man zu dem Lanczos-Verfahren [37] übergehen. Dieses gehört zu der Klasse der Krylow-Unterraum-Verfahren. Dabei wird das Problem auf eben jenen Krylowraum $\mathcal{K}_{m,b}$ eingeschränkt, welcher von der Folge von Vektoren $|b\rangle, \hat{H}|b\rangle, \ldots \hat{H}^{m-1}|b\rangle$ aufgespannt wird, wobei $|b\rangle \neq 0$ ein beliebiger Startzustand sei. Dies ist also gerade die Folge von Vektoren, die bei der Vektoriteration erzeugt wird. Nach der Vektoriteration stellt der Vektor $\hat{H}^n|b\rangle$ zwar die aktuell beste Näherung dar, dennoch lässt sich das Ergebnis erheblich verbessern, indem man das Iterationsverfahren ändert, wie es in dem Pseudocode in Liste 1 dargestellt ist.

---

[2] Der Grundzustand $|0\rangle$ sollte nicht mit dem Nullvektor 0 des Hilbertraumes verwechselt werden.
[3] Dabei sollte man es vermeiden, die Matrix von $\hat{H}$ explizit aufzustellen, weil dies sehr aufwändig und speicherintensiv wäre. Es genügt, die Wirkung von $\hat{H}$ direkt auf den Zustand $|b\rangle$ zu ermitteln.

Liste 1: Pseudocode für ein einfaches Lanczos-Verfahren.

```
  |q_1⟩ := |b⟩, γ_1 := 1, |q_0⟩ := 0
2 i := 1
  while {γ_i ≠ 0} do:
4   |u_i⟩ := H|q_i⟩ − γ_i|q_{i−1}⟩
    δ_i := ⟨q_i|u_i⟩
6   |r_i⟩ := |u_i⟩ − δ_i|q_i⟩
    γ_{i+1} := ||r_i||
8   |q_{i+1}⟩ := |r_i⟩/γ_{i+1}
    i := i + 1
```

Dieses Iterationsschema generiert über ein modifiziertes Gram-Schmidtsches Orthogonalisierungsverfahren eine Orthonormalbasis $|q_i⟩$ des Krylow-Raumes.
Die Matrixelemente von H in dieser neuen Basis lassen sich in der folgenden Tridiagonalmatrix zusammenfassen

$$T = (⟨q_i|H|q_j⟩) = \begin{pmatrix} δ_1 & γ_2 & & 0 \\ γ_2 & δ_2 & \ddots & \\ & \ddots & \ddots & γ_m \\ 0 & & γ_m & δ_m \end{pmatrix}.$$

Die niedrigsten Eigenwerte und Eigenvektoren dieser Matrix konvergieren rasch zu den Eigenwerten und Eigenvektoren von H in der ursprünglichen Basis, wie es in der Kaniel-Paige-Theorie [38–40] beschrieben wird. Neben der sehr viel geringeren Größe hat die Matrix T darüber hinaus noch Tridiagonalgestalt, wodurch ihre Diagonalisierung weniger aufwändig ist.
Für diese Arbeit wurde eine volle Diagonalisierung unter Ausnutzung der S^z_{tot}-Erhaltung implementiert. Zum einen dienten die so gewonnenen Daten zur Kontrolle der anderen Methoden, zum anderen sind über die Methode die Grundzustände direkt in der Standard-Produktbasis gegeben und für einige Phasen ließ sich so ein sehr anschauliches Bild der Grundzustände gewinnen.

2.2. Dichtematrix-Renormierungsgruppe (DMRG)

Seit ihrer Entdeckung durch Steven White in 1992 [26, 41] hat sich die Methode der Dichtematrix-Renormierungsgruppe (DMRG) zu einem vielseitigen und mächtigen Instrument zur Untersuchung von eindimensionalen Quantensystemen entwickelt [42]. War der Algorithmus ursprünglich für die effiziente Berechnung von Grundzustandseigenschaften ausgelegt, so wurde dieser vielfach erweitert [42]. Mit diesen auf der DMRG aufbauenden Erweiterungen lassen sich nun ebenfalls die Dynamik von eindimensionalen Quantensystemen untersuchen (z.B. die Zeitentwicklung und dynamische Strukturfaktoren). Die quanteninformationstheoretische Betrachtungsweise lieferte weitere Einsichten in die Funktionsweise des Algorithmus [42]. Von großer

2.2 Dichtematrix-Renormierungsgruppe (DMRG)

Bedeutung war daneben die Erkenntnis, dass die DMRG in bestimmten Varianten des Algorithmus eine spezielle Darstellung der Wellenfunktion erzeugt: die Matrixproduktzustände [43, 44]. Die Bedeutung dieser Klasse von Zuständen zeigt sich darin, dass sich die DMRG vollständig auf Grundlage dieser Zustände beschreiben lässt [27, 45, 46], was zu wesentlichen Vereinfachungen führt. In diesem Zugang stellt sich DMRG als eine variationelle Methode auf ebenjener Klasse von Zuständen dar. Diese Herangehensweise soll auch hier gewählt werden. Man beachte, dass bei dieser Darstellungsweise die Dichtematrix nicht explizit verwendet werden muss. In der ursprünglichen Formulierung von White lieferte sie ein zentrales Kriterium, nach dem für die Darstellung des Grundzustandes „unwichtige" Zustände vernachlässigt werden konnten. Der dabei gemachte Trunkierungsfehler ϵ wurde so als ein Maß für den Fehler dieser Näherung genommen. In der Beschreibung der DMRG in dieser Arbeit tritt die Dichtematrix nur implizit auf: An einigen Stellen im Algorithmus werden Singulärwertzerlegungen durchgeführt. Diese haben eine enge Verbindung zur Dichtematrix: Die Vernachlässigung von Zuständen zu den kleinsten Singulärwerten entspricht genau dem White'schen Kriterium.

Das nächste Unterkapitel gliedert sich wie folgt: Zunächst wird allgemein die Form der Matrixproduktzustände aus einer exakten Darstellung der Wellenfunktion skizziert. Anschließend werden wichtige Elemente eingeführt, die die konkrete numerische Handhabung von Matrixproduktzuständen betreffen: Für die numerische Stabilität werden Orthonormalisierungsbedingungen formuliert. Es wird erläutert, wie die Berechnung des Überlapps zweier Wellenfunktionen effizient durchgeführt werden kann. Als Letztes folgt die Einführung von Matrixproduktoperatoren.

Mit diesen Werkzeugen lassen sich schließlich die beiden Varianten der DMRG vorstellen, die hauptsächlich in dieser Arbeit verwendet wurden: ein Algorithmus bei fester Systemlänge („1-site"-Algorithmus) und einer, bei dem der Grundzustand im thermodynamischen Limes approximiert werden soll, indem die Systemlänge sukzessive vergrößert wird (infinite DMRG oder iDMRG). Der letzte Abschnitt zeigt ein Anwendungsbeispiel.

2.2.1. Matrixproduktzustände

Im vorigen Abschnitt zur exakten Diagonalisierung wurden die Produktzustände als natürliche Basis für eindimensionale Ketten eingeführt. Die gleiche Notation soll auch hier verwendet werden. Die Basiszustände für ein System der Länge L sind dann gegeben durch Zustände der Form $|\sigma_1\rangle \otimes \cdots \otimes |\sigma_L\rangle$, wobei $|\sigma_i\rangle$ die d-dimensionale, lokale Basis an dem Platz i bezeichne (für einen Spin könnten z.B. die $2S+1$ Eigenzustände zum S^z-Operator verwendet werden). Jeder quantenmechanische Zustand $|\psi\rangle$, in dem sich das System befinden kann, lässt sich dann in dieser Basis entwickeln:

$$|\psi\rangle = \sum_{\{\sigma_i\}} \Psi^{(\sigma_1, \sigma_2 \ldots \sigma_L)} |\sigma_1\rangle \ldots |\sigma_L\rangle.$$

Eine exakte Matrixprodukt-Darstellung lässt sich nun über eine Umarbeitung des Entwicklungskoeffizienten $\Psi^{(\sigma_1, \sigma_2 \ldots \sigma_L)}$ erreichen. Im ersten Schritt fasse man die Indizes neu zusammen, indem man σ_1 als einen Index und $(\sigma_2 \ldots \sigma_L)$ als einen zweiten Index betrachte, um so eine $d \times d^{L-1}$ Matrix zu erhalten:

$$\Psi^{\sigma_1,(\sigma_2\ldots\sigma_L)}.$$

Diese Matrix lässt sich, zum Beispiel über eine Singulärwertzerlegung oder eine QR-Zerlegung, in ein Produkt aus zwei Matrizen zerlegen

$$\Psi^{\sigma_1,(\sigma_2\ldots\sigma_L)} = \sum_{k_1}^{d} A_{\sigma_1,k_1} B_{k_1,(\sigma_2\ldots\sigma_L)},$$

wobei die Spaltenanzahl von $\boldsymbol{A}$ (beziehungsweise die Zeilenzahl von $\boldsymbol{B}$) d ist. Statt $\boldsymbol{A}$ als eine $d \times d$-Matrix anzusehen, kann man σ_1 auch als Index auffassen, der die d verschiedenen $1 \times d$ Zeilenvektoren durchnummeriert. Dies soll durch einen Notationswechsel $A_{\sigma_1,k_1} \to A^{[\sigma_1]}_{k_1}$ angedeutet sein. Im nächsten Schritt wird nun bei der $d \times d^{L-1}$ Matrix $B_{k_1,(\sigma_2\ldots\sigma_L)}$ eine ähnliche Indexumgruppierung vorgenommen wie zuvor bei Ψ:

$$B_{k_1,(\sigma_2\ldots\sigma_L)} \to B_{(k_1,\sigma_2),(\sigma_3,\ldots\sigma_L)}.$$

Diese $d \cdot d \times d^{L-2}$ Matrix lässt sich wiederum in ein Produkt $\sum_{k_2}^{d^2} A_{(k_1,\sigma_2),k_2} B_{k_2,(\sigma_3,\ldots\sigma_L)}$ zerlegen. Durch eine Umgruppierung der Indizes lässt sich $A^{[\sigma_2]}_{k_1,k_2}$ wiederum so auffassen, dass σ_2 die d unterschiedlichen $d \times d^2$-Matrizen indiziert. Nach diesem Schritt hat also der Koeffizient $\Psi^{(\sigma_1,\sigma_2\ldots\sigma_L)}$ die Form:

$$\Psi^{(\sigma_1,\sigma_2\ldots\sigma_L)} = \sum_{k_1,k_2} A^{[\sigma_1]}_{k_1} A^{[\sigma_2]}_{k_1,k_2} B_{k_2,(\sigma_3,\ldots\sigma_L)}.$$

Iteriert man dieses Verfahren bis zum letzten Gitterplatz, so gewinnt man schließlich die folgende Umschreibung des Koeffizienten $\Psi^{(\sigma_1,\sigma_2\ldots\sigma_L)}$:

$$\Psi^{(\sigma_1,\sigma_2\ldots\sigma_L)} = \sum_{k_1,k_2\ldots k_{L-1}} A^{[\sigma_1]}_{k_1} A^{[\sigma_2]}_{k_1,k_2} \ldots A^{[\sigma_{L-1}]}_{k_{L-2},k_{L-1}} A^{[\sigma_L]}_{k_{L-1}}.$$

Die Summationen lassen sich auch als Matrixprodukte umschreiben:

$$\Psi^{(\sigma_1,\sigma_2\ldots\sigma_L)} = \boldsymbol{A}^{[\sigma_1]} \boldsymbol{A}^{[\sigma_2]} \ldots \boldsymbol{A}^{[\sigma_{L-1}]} \boldsymbol{A}^{[\sigma_L]}.$$

Man beachte, dass dieses Matrixprodukt immer eine Zahl ergibt, da die äußersten Matrizen $\boldsymbol{A}^{[\sigma_1]}$ und $\boldsymbol{A}^{[\sigma_L]}$ die Dimension $1 \times d$ beziehungsweise $d \times 1$ aufweisen. Die Matrizen in der Mitte der Kette besitzen die größte Dimension. Bei einer geraden Kettenlänge handelt es sich um $d^{L/2-1} \times d^{L/2}$ beziehungsweise $d^{L/2} \times d^{L/2-1}$ Matrizen.[4]

---

[4]Verwendet man die Singulärwertzerlegung, um diese Darstellung zu erwirken, so wird klar dass diese exponentiell große Matrixdimension eine obere Grenze darstellt. Ergäbe sich bei der Berechnung der $\boldsymbol{A}^{[\sigma_i]}$, dass viele der Singulärwerte null sind, so ließe sich auch mit kleinerer Matrixgröße eine exakte Repräsentation erreichen, vgl. [27].

2.2 Dichtematrix-Renormierungsgruppe (DMRG)

Durch diese Umschreibung lässt sich der Zustand $|\psi\rangle$ nun in Matrixproduktform schreiben:

$$|\psi\rangle = \sum_{\{\sigma_i\}} \boldsymbol{A}^{[\sigma_1]} \boldsymbol{A}^{[\sigma_2]} \ldots \boldsymbol{A}^{[\sigma_L]} |\sigma_1\rangle \ldots |\sigma_L\rangle. \qquad (2.1)$$

Durch diese exakte Darstellung wäre freilich noch nicht viel gewonnen, weil die Matrixgröße exponentiell mit der Kettenlänge L wächst und eine numerisch effiziente Handhabung dieser Zustände mithin nicht möglich wäre. Die essentielle Näherung, die daher vorgenommen wird, ist es, sich für eine gegebene Kettenlänge L auf eine Klasse von Matrixproduktzuständen zu beschränken, bei denen alle Matrizen $\boldsymbol{A}^{[\sigma_i]}$ quadratische Matrizen $M \times M$ sind, ausgenommen die $\boldsymbol{A}^{[\sigma_1]}$ und $\boldsymbol{A}^{[\sigma_L]}$, welche von der Dimension $1 \times M$ beziehungsweise $M \times 1$ sind.[5]
Dies wirft natürlich die Frage nach der Qualität dieser Näherung auf. In [47] gaben Verstraete und Cirac Fehlergrenzen an für die Darstellung von Grundzuständen von eindimensionalen Systemen durch Matrixproduktzustände. Als ein Maß für den Fehler betrachteten sie die Norm der Differenz zwischen dem exakten Zustand $|\psi_{ex}\rangle$ und den durch Matrixproduktzuständen genäherten Zustand $|\psi_M\rangle$. Gibt man sich nun vor, dass dieser Fehler $\||\psi_{ex}\rangle - |\psi_M\rangle\| \leq \varepsilon/L$ sein soll, für eine festgelegte Genauigkeit ε, so konnten sie zeigen, dass die Matrixdimension M höchstens polynomiell mit L skaliert, um diese Fehlergrenze einzuhalten. Diese Darstellung ist mithin für eindimensionale Systeme sehr geeignet. Eine wichtige Intuition dafür, warum Matrixproduktzustände in einer Dimension so effizient eingesetzt werden können, lässt sich auch aus der Betrachtung der Verschränkungsentropie S ableiten [27, 48]. Für viele Quantensysteme wurde gefunden, dass diese, bis auf logarithmische Korrekturen, wie die Oberfläche des Systems skaliert [48]. Wenn L die lineare Abmessung des Systems ist, wächst S also mit $S \sim L^{D-1}$, wobei D die Dimension des Systems ist. Die Matrixdimension M eines Matrixproduktzustandes, die benötigt wird, um einen Zustand mit der Verschränkungsentropie S darzustellen, steigt exponentiell mit S [27, 46]. Da für $D = 1$ die Entropie konstant ist beziehungsweise nur logarithmisch mit der Systemlänge wächst, sollten kleine Werte für M schon genügen, um die Grundzustände für größere Kettenlängen L gut zu approximieren. Für $D \geq 2$ jedoch wächst die benötigte Matrixdimension M exponentiell mit der Systemgröße L. Daher bleibt die DMRG-Methode in diesen Fällen auf die Betrachtung sehr kleiner Systeme beschränkt. Waren dies eher heuristische Argumente, so lassen sich auch mathematisch rigorose Kriterien für die Approximierbarkeit von Grundzuständen über Matrixproduktzustände angeben [49].
Selbst wenn die Matrixdimension M in Abhängigkeit von L nur polynomiell wächst, so muss noch gezeigt werden, dass die gewünschten Manipulationen auf dieser Zustandsklasse numerisch effizient durchgeführt werden können, die Anzahl der Operationen also ebenfalls nur polynomiell mit L wächst. Betrachtet man die Form des Matrixproduktzustandes (2.1), so ist dies *a priori* noch nicht klar, weil eine

---
[5]Für diese wichtige Konstante M sind in der Literatur verschiedene Bezeichnungen gebräuchlich: M, D oder χ. Sie entspricht der Anzahl beibehaltener Zustände der Dichtematrix in der „konventionellen" DMRG.

"naive" Auswertung der Koeffizienten das Berechnen exponentiell vieler Matrixprodukte nach sich ziehen würde. Diese Form der Auswertung muss also umgangen werden. Im nächsten Abschnitt wird dies am Beispiel der Berechnung des Überlapps zweier Wellenfunktionen in Matrixproduktzustandsform gezeigt. Durch eine geschickte Umsortierung und Klammerung der auszuführenden Summationen kann die Berechnung effizient durchgeführt werden. Zunächst werden jedoch zwei wichtige Orthogonalitätsbedigungen eingeführt. Im letzten Abschnitt werden mit den Matrixproduktoperatoren die letzten Bausteine eingeführt, die zur Darstellung der Algorithmen in Abschnitt 2.2.3 wichtig sind.

2.2.2. Numerische Handhabung von Matrixproduktzuständen

Orthogonalitätsbedingungen

Bisher wurden keine Bedingungen an die Matrizen $A^{[\sigma_i]}$ gestellt. Für die numerische Stabilität und Handhabbarkeit ist es jedoch sinnvoll Orthogonalitätsrelationen für $A^{[\sigma_i]}$ zu fordern [45]. Eine solche Relation ist

$$\sum_{\sigma_i} A^{[\sigma_i]\dagger} A^{[\sigma_i]} = I, \qquad (2.2)$$

wobei I die Einheitsmatrix ist. Matrizen mit dieser Eigenschaft bezeichnet man als *linksnormalisiert*. Dazu komplementär könnte man auch die Bedingung

$$\sum_{\sigma_i} A^{[\sigma_i]} A^{[\sigma_i]\dagger} = I, \qquad (2.3)$$

an die Matrizen $A^{[\sigma_i]}$ stellen, was *rechtsnormalisierten* Matrizen entspräche.
Die Erfüllbarkeit dieser Bedingungen knüpft sich an eine wichtige Freiheit der Matrixproduktzustände: So lässt sich zwischen zwei Matrizen $A^{[\sigma_i]} A^{[\sigma_{i+1}]}$ immer eine Einheitsmatrix $I = U^\dagger U$ einschieben, ohne das Ergebnis zu ändern. Absorbiert man die Matrizen U beziehungsweise $U^\dagger$ nach links beziehungsweise rechts, so erhält man nun neue Matrizen $A^{[\sigma_i]} U^\dagger$ und $U A^{[\sigma_{i+1}]}$, ohne dass sich an dem Zustand etwas geändert hätte. Diese Freiheit der Darstellung kann man nutzen, um mittels einer Singulärwertzerlegung $A^{[\sigma_i]}$ in links- beziehungsweise rechtsnormalisierte Form zu bringen. Nach der Singulärwertzerlegung lässt sich eine beliebige $m \times n$ Matrix A in ein Produkt $U \Sigma V^\dagger$ zerlegen, wobei die Spaltenvektoren der $m \times l$-Matrix U, mit $l = \min(m, n)$, senkrecht aufeinander stehen, d.h. $U^\dagger U = I$, und die Zeilen der $l \times n$-Matrix $V^\dagger$, d.h. $V^\dagger V = I$. Die $l \times l$ Matrix Σ ist diagonal und die positiven Diagonaleinträge werden Singulärwerte genannt. Dies lässt sich wie folgt auf die Matrix A anwenden, um die Linksnormalisierung zu erzwingen:

$$A^{[\sigma_i]}_{k_i, k_{i+1}} = \sum_{s, s'} U_{(\sigma_i, k_i), s} \Sigma_{s, s'} (V^\dagger)_{s', k_{i+1}}.$$

Die Spaltenorthonormalität von U, $\sum_{\sigma_i, k_i} (U_{(\sigma_i, k_i), s'})^\dagger U_{(\sigma_i, k_i), s} = \delta_{s, s'}$ entspricht dabei genau der Bedingung (2.2) für die Linksnormalisierung. Indem man also als neues

2.2 Dichtematrix-Renormierungsgruppe (DMRG)

$A^{[\sigma_i]}$ die Matrix U wählt und die verbleibenden Matrizen $\Sigma V^\dagger$ zu der rechtsstehenden Matrix $A^{[\sigma_{i+1}]}$ multipliziert, bleibt der Gesamtzustand unverändert. Wenn man so von links beginnend sukzessive alle Matrizen linksnormalisiert, erhält man die linkskanonische Form eines Matrixproduktzustandes. Analog könnte man vom rechten Ende der Kette startend alle Matrizen auf rechtsnormale Form bringen. Neben diesen links- und rechtskanonischen Formen soll hier noch eine Mischform erwähnt sein, die entsteht, wenn man beide Orthonormalisierungen simultan verwendet: Von links bis zu einem Platz ℓ Linksnormalisierung und von dem rechten Rand der Kette bis zu ℓ die Rechtsnormalisierung. Diese spezielle gemischte Darstellung wird später bei der Darstellung des Algorithmus für endliche Systeme Anwendung finden. Ein Vorteil der gemischten Darstellung besteht darin, dass sich dann das Quadrat der Norm des Zustands einfacher berechnen lässt zu [27]:

$$\langle \psi | \psi \rangle = \sum_{k_{\ell-1}, k_\ell, \sigma_\ell} A^{*[\sigma_\ell]}_{k_{\ell-1}, k_\ell} A^{[\sigma_\ell]}_{k_{\ell-1}, k_\ell} \qquad (2.4)$$

Berechnung des Überlapps zweier Matrixproduktzustände

Seien zwei Wellenfunktionen $|\psi_A\rangle, |\psi_B\rangle$ in Matrixproduktform gegeben:

$$|\psi_A\rangle = \sum_{\{\sigma'_i\}} A^{[\sigma'_1]} \ldots A^{[\sigma'_L]} |\sigma'_1 \ldots \sigma'_L\rangle, |\psi_B\rangle = \sum_{\{\sigma_i\}} B^{[\sigma_1]} \ldots B^{[\sigma_L]} |\sigma_1 \ldots \sigma_L\rangle.$$

Einsetzen zu der Berechnung des Überlapps beider Wellenfunktionen ergibt:

$$\langle \psi_A | \psi_B \rangle = \sum_{\{\sigma'_i\}, \{\sigma_i\}} (A^{[\sigma'_1]} \ldots A^{[\sigma'_L]})^* B^{[\sigma_1]} \ldots B^{[\sigma_L]} \langle \sigma'_1 \ldots \sigma'_L | \sigma_1 \ldots \sigma_L \rangle \qquad (2.5)$$

$$= \sum_{\{\sigma'_i\}, \{\sigma_i\}} (A^{[\sigma'_1]} \ldots A^{[\sigma'_L]})^* B^{[\sigma_1]} \ldots B^{[\sigma_L]} \delta_{\sigma_1, \sigma'_1} \ldots \delta_{\sigma_L, \sigma'_L} \qquad (2.6)$$

$$= \sum_{\{\sigma_i\}} (A^{[\sigma_1]} \ldots A^{[\sigma_L]})^* B^{[\sigma_1]} \ldots B^{[\sigma_L]}. \qquad (2.7)$$

Bei einer naiven Auswertung dieses Ausdruckes würde man nun für jeden Satz der $\{\sigma_i\}$ die Matrixprodukte $A^{[\sigma_1]*} \ldots A^{[\sigma_L]*}$ respektive $B^{[\sigma_1]} \ldots B^{[\sigma_L]}$ berechnen. Dies wären jedoch $2 \cdot d^L$ viele, ergäbe also grob $2 \cdot d^L M^3$ notwendige Operationen. Zum Glück lässt sich jedoch leicht ein sehr viel weniger aufwändiges Verfahren angeben. Dazu schreibt man zunächst die Matrixmultiplikationen explizit aus und gruppiert sie folgendermaßen um:

$$\langle \psi_A | \psi_B \rangle = \sum_{\{k_i\}, \{k'_i\}\{\sigma_i\}} A^{*[\sigma_1]}_{k_1} A^{*[\sigma_2]}_{k_1, k_2} \ldots A^{*[\sigma_L]}_{k_{L-1}} B^{[\sigma_1]}_{k'_1} B^{[\sigma_2]}_{k'_1, k'_2} \ldots B^{[\sigma_L]}_{k'_{L-1}}$$

$$= \sum_{\{k_i\}, \{k'_i\}\{\sigma_i\}} (A^{[\sigma_1]*}_{k_1} B^{[\sigma_1]}_{k'_1})(A^{*[\sigma_2]}_{k_1, k_2} B^{[\sigma_2]}_{k'_1, k'_2}) \ldots (A^{*[\sigma_L]}_{k_{L-1}} B^{[\sigma_L]}_{k'_{L-1}}).$$

Der Term $\sum_{\sigma_1}(A^{*[\sigma_1]}_{k_1} B^{[\sigma_1]}_{k'_1})$ stellt eine $M \times M$-Matrix mit den offenen Indizes k_1 und k'_1 dar. Der darauffolgende Ausdruck $\sum_{\sigma_2}(A^{*[\sigma_2]}_{k_1, k_2} B^{[\sigma_2]}_{k'_1, k'_2})$ weist schon vier offene Indizes auf. Zwei der offenen Indizes werden jedoch mit denen des ersten Terms verjüngt:

$$\sum_{k_1,k_1'}\sum_{\sigma_1}(A^{*[\sigma_1]}_{k_1}B^{[\sigma_1]}_{k_1'})\sum_{\sigma_2}A^{*[\sigma_2]}_{k_1,k_2}B^{[\sigma_2]}_{k_1',k_2'}),$$

womit nun noch die Indizes k_2, k_2' offen bleiben. Durch diese $2M^3$ Operationen entsteht also wieder eine $M \times M$-Matrix, mit welcher man den Vorgang mit dem nächsten Ausdruck $\sum_{\sigma_3}(A^{*[\sigma_3]}_{k_2,k_3}B^{[\sigma_3]}_{k_2',k_3'})$ wiederholt. Iteriert man dieses Verfahren für alle Kettenplätze, so erzeugt die letzte Kontraktion eine Zahl, die dem Überlapp entspricht. Im Gegensatz zu dem vorigen „naiven Vorgehen" mit Aufwand $\mathcal{O}(2M^3d^L)$, ist der numerische Aufwand nun nur noch $\mathcal{O}(LdM^3)$. Er steigt also lediglich linear mit der Größe des Systems.

Matrixprodukt-Operatoren

Ein beliebiger Operator $\hat{O}$ lässt sich über die Matrixelemente oder Koeffizienten $C_{(\sigma_1...\sigma_L),(\sigma_1'...\sigma_L')} = \langle \sigma_1'...\sigma_L'|\hat{O}|\sigma_1...\sigma_L\rangle$ darstellen. Er kann dann mit den Projektoren $|\sigma_1...\sigma_L\rangle\langle\sigma_1'...\sigma_L'|$ geschrieben werden als:

$$\hat{O} = \sum_{\{\sigma_i\},\{\sigma_i'\}} C_{(\sigma_1...\sigma_L),(\sigma_1'...\sigma_L')}|\sigma_1...\sigma_L\rangle\langle\sigma_1'...\sigma_L'|.$$

Nun liegt es nahe ähnlich wie bei den Matrixproduktzuständen eine Matrixzerlegung des Koeffizienten $C_{(\sigma_1...\sigma_L),(\sigma_1'...\sigma_L')} = C_{(\sigma_1,\sigma_1'),...,(\sigma_L,\sigma_L')}$ vorzunehmen [45]:

$$\hat{O} = \sum_{\{\sigma_i\},\{\sigma_i'\}} \boldsymbol{M}^{\sigma_1,\sigma_1'}\boldsymbol{M}^{\sigma_2,\sigma_2'}...\boldsymbol{M}^{\sigma_L,\sigma_L'}|\sigma_1...\sigma_L\rangle\langle\sigma_1'...\sigma_L'|. \quad (2.8)$$

Für beliebige Operatoren ist diese Darstellung zwar immer möglich, kann aber zu exponentiell großen Matrizen $\boldsymbol{M}$ führen. In Analogie zu den Matrixproduktzuständen lässt sich so eine Klasse von Matrixproduktoperatoren einführen, bei denen die $\boldsymbol{M}$ eine feste Matrixdimension $M_O \times M_O$ besitzen, wobei die Dimension der ersten und letzten Matrix jeweils $1 \times M_O$ beziehungsweise $M_O \times 1$ sind. Für Hamiltonoperatoren, die keine langreichweitigen Wechselwirkungen beinhalten, lassen sich jedoch sehr kleine Matrizen $\boldsymbol{M}$ explizit angeben, die den Hamiltonoperator exakt repräsentieren. Als Beispiel sei dies für einen nächste-Nachbarn-Wechselwirkungsterm $H = \sum_i \hat{X}_i\hat{Y}_{i+1}$, mit lokalwirkenden Operatoren X und Y demonstriert. Für diesen Fall kommt man mit einer 3×3 Matrixstruktur aus [45]:

$$\boldsymbol{M}^{\sigma_i,\sigma_i'} = \begin{pmatrix} I_i & 0 & 0 \\ Y_i & 0 & 0 \\ 0 & X_i & I_i \end{pmatrix},$$

wobei die Einträge jedoch aus $d \times d$ Matrizen bestehen, die die Matrixelemente des Einheitsoperators (I_i) beziehungsweise von $\hat{X}$ (X_i) und $\hat{Y}$ (Y_i) bezüglich σ_i und σ_i'

2.2 Dichtematrix-Renormierungsgruppe (DMRG)

beinhalten. Die erste Matrix $\boldsymbol{M}^{\sigma_1,\sigma_1'}$ muss dann genau wie bei dem Matrixproduktzustand aus einem Zeilenvektor bestehen $(0,0,I_1)$ und $\boldsymbol{M}^{\sigma_L,\sigma_L'}$ aus einem Spaltenvektor $(I_L,0,0)^T$. Eine kleine Rechnung zeigt, dass ein solches Matrixprodukt, genau wie gewünscht, alle Terme der nächste-Nachbarn-Wechselwirkung $H = \sum_i \hat{X}_i \hat{Y}_{i+1}$ erzeugt.

Für die praktische Anwendung sei gezeigt, dass die Form des Matrixproduktzustandes erhalten bleibt, wenn man einen Matrixproduktoperator auf einen Matrixproduktzustand anwendet:

$$\hat{O}|\psi\rangle = \sum_{\substack{\{\sigma_i\}\{\sigma_i'\}\\ \{\sigma_i''\}}} (\boldsymbol{M}^{\sigma_1,\sigma_1'}\ldots \boldsymbol{M}^{\sigma_L,\sigma_L'})(\boldsymbol{A}^{[\sigma_1'']}\ldots \boldsymbol{A}^{[\sigma_L'']})|\sigma_1\ldots\sigma_L\rangle\langle\sigma_1'\ldots\sigma_L'|\sigma_1''\ldots\sigma_L''\rangle$$

(2.9)

$$= \sum_{\{\sigma_i\}\{\sigma_i'\}} (\boldsymbol{M}^{\sigma_1,\sigma_1'}\ldots \boldsymbol{M}^{\sigma_L,\sigma_L'})(\boldsymbol{A}^{[\sigma_1']}\ldots \boldsymbol{A}^{[\sigma_L']})|\sigma_1\ldots\sigma_L\rangle \quad (2.10)$$

$$= \sum_{\substack{\{k_i\}\{k_i'\}\\ \{\sigma_i\}}} \left(\sum_{\sigma_1'} M^{\sigma_1,\sigma_1'}_{k_1} A^{[\sigma_1']}_{k_1'} \sum_{\sigma_2'} M^{\sigma_2,\sigma_2'}_{k_1,k_2} A^{[\sigma_2']}_{k_1',k_2'} \cdots \sum_{\sigma_L'} M^{\sigma_L,\sigma_L'}_{k_L} A^{[\sigma_L']}_{k_L'}\right)|\sigma_1\ldots\sigma_L\rangle.$$

(2.11)

Durch Rearrangieren der Indizes lassen sich nun neue Matrizen $B^{[\sigma_i]}_{(k_{i-1},k_{i-1}'),(k_i,k_i')} = \sum_{\sigma_i'} M^{\sigma_i,\sigma_i'}_{k_{i-1},k_i} A^{[\sigma_i']}_{k_{i-1}',k_i'}$ bilden, wodurch $\hat{O}|\psi\rangle$ mit diesen neuen Matrizen $\boldsymbol{B}^{[\sigma_i]}$ wieder Matrixproduktform erhält. Allerdings vergrößert sich dabei die Dimension der Matrizen. Die $\boldsymbol{B}^{[\sigma_i]}$ haben das Format $M_O M \times M_O M$. Die Klasse der Matrixproduktzustände mit fester Dimension M ist also unter der Anwendung von Matrixproduktoperatoren nicht abgeschlossen.

Wichtig für die DMRG ist nicht nur die Wirkung eines Matrixproduktoperators zu erfassen. Für die Darstellung einer speziellen Variante der DMRG wird es notwendig sein, den Erwartungswert eines Matrixproduktoperators, hier des Hamiltonoperators $\hat{H}$, in Matrixproduktform zu berechnen. Nach zweifacher Verwendung der Orthonormalitätsrelation der Basis ist der Erwartungswert gegeben durch:

$$\langle\psi|\hat{H}|\psi\rangle = \sum_{\{\sigma_i\}\{\sigma_i'\}} (\boldsymbol{A}^{*[\sigma_1]}\ldots \boldsymbol{A}^{*[\sigma_L]})(\boldsymbol{M}^{\sigma_1,\sigma_1'}\ldots \boldsymbol{M}^{\sigma_L,\sigma_L'})(\boldsymbol{A}^{[\sigma_1']}\ldots \boldsymbol{A}^{[\sigma_L']}) \quad (2.12)$$

$$= \sum_{\substack{\{\sigma_i\}\{\sigma_i'\}\\ \{k_i\}\{k_i'\}\{k_i''\}}} A^{*[\sigma_1]}_{k_1} A^{*[\sigma_2]}_{k_1,k_2}\ldots A^{*[\sigma_L]}_{k_{L-1}} M^{\sigma_1,\sigma_1'}_{k_1'} M^{\sigma_2,\sigma_2'}_{k_1',k_2'}\ldots M^{\sigma_L,\sigma_L'}_{k_{L-1}'} A^{[\sigma_1']}_{k_1''} A^{[\sigma_2']}_{k_1'',k_2''}\ldots A^{[\sigma_L']}_{k_{L-1}''}$$

(2.13)

$$= \sum_{\substack{\{\sigma_i\}\{\sigma_i'\}\\ \{k_i\}\{k_i'\}\{k_i''\}}} (A^{*[\sigma_1]}_{k_1} M^{\sigma_1,\sigma_1'}_{k_1'} A^{[\sigma_1']}_{k_1''})(A^{*[\sigma_2]}_{k_1,k_2} M^{\sigma_2,\sigma_2'}_{k_1',k_2'} A^{[\sigma_2']}_{k_1'',k_2''})\ldots(A^{*[\sigma_L]}_{k_{L-1}} M^{\sigma_L,\sigma_L'}_{k_{L-1}'} A^{[\sigma_L']}_{k_{L-1}''}). \quad (2.14)$$

Da bei dem Optimierungskriterium, das später entwickelt werden soll, nur die Abhängigkeit dieses Ausdruckes von den Einträgen der Matrix $A^{[\sigma_\ell]}$ an einem bestimmten Platz ℓ von Interesse sein wird, ist es sinnvoll, die beiden folgenden Abkürzungen einzuführen, welche alle Summationen vor und hinter diesem Platz zusammenfassen:

$$L_{k_{\ell-1},k'_{\ell-1},k''_{\ell-1}} = \sum_{\substack{\{k_i,k'_i,k''_i\} \\ \sigma_i,\sigma'_i; i<\ell-1}} (A^{*[\sigma_1]}_{k_1} M^{\sigma_1,\sigma'_1}_{k'_1} A^{[\sigma_1]}_{k''_1}) \ldots (A^{*[\sigma_{\ell-1}]}_{k_{\ell-2},k_{\ell-1}} M^{\sigma_{\ell-1},\sigma'_{\ell-1}}_{k'_{\ell-2},k'_{\ell-1}} A^{[\sigma'_{\ell-1}]}_{k''_{\ell-2},k''_{\ell-1}})$$
(2.15)

$$R_{k_\ell,k'_\ell,k''_\ell} = \sum_{\substack{\{k_i,k'_i,k''_i\} \\ \sigma_i,\sigma'_i; i>\ell}} (A^{*[\sigma_{\ell+1}]}_{k_{\ell-2},k_{\ell+1}} M^{\sigma_{\ell+1},\sigma'_{\ell+1}}_{k'_{\ell+1},k'_{\ell+2}} A^{[\sigma'_{\ell+1}]}_{k''_{\ell+2},k''_{\ell+1}}) \ldots (A^{*[\sigma_L]}_{k_{L-1}} M^{\sigma_L,\sigma'_L}_{k'_{L-1}} A^{[\sigma'_L]}_{k''_{L-1}}).$$
(2.16)

Mit diesen Abkürzungen ergibt sich der Erwartungswert zu:

$$\langle \psi | \hat{H} | \psi \rangle = \sum_{\substack{k_{\ell-1},k'_{\ell-1},k''_{\ell-1} \\ k_\ell,k'_\ell,k''_\ell,\sigma_\ell,\sigma'_\ell}} L_{k_{\ell-1},k'_{\ell-1},k''_{\ell-1}} M^{\sigma_\ell,\sigma'_\ell}_{k'_{\ell-1},k'_\ell} R_{k_\ell,k'_\ell,k''_\ell} A^{*[\sigma_\ell]}_{k_{\ell-1},k_\ell} A^{[\sigma'_\ell]}_{k''_{\ell-1},k''_\ell}$$
(2.17)

2.2.3. DMRG für endliche und unendliche Systeme

Die zuvor gezeigten Techniken lassen sich nun anwenden, um zwei Varianten des DMRG-Algorithmus auf Basis von Matrixproduktzuständen darzustellen. Bei der ersten Variante handelt es sich um den sogenannten „1-site" Algorithmus, bei dem lokal eine der A-Matrizen des Matrixproduktzustandes optimiert wird, bei der zweiten Variante um eine „infinite" DMRG genannte Methode, im Folgenden auch als iDMRG abgekürzt, bei der die Kettengröße sukzessive vergrößert wird, um dabei den Grundzustand des unendlichen Systems zu approximieren.

Der „1-site"-Algorithmus

Angenommen es sei ein Matrixproduktzustand für eine feste Kettenlänge L und Matrixdimension M und der Hamiltonoperator $\hat{H}$ als Matrixproduktoperator gegeben. Ziel bei der Suche nach dem Grundzustand ist es allgemein den Energieerwartungswert

$$E = \frac{\langle \psi | \hat{H} | \psi \rangle}{\langle \psi | \psi \rangle}$$
(2.18)

zu minimieren. Nun allerdings soll die Minimierung nur in der Klasse von Matrixproduktzuständen vorgenommen werden.[6] Die Einträge der A-Matrizen sind also

---

[6]Im Abschnitt 2.2.1 wurde ausgeführt, dass für Grundzustände eindimensionaler Systeme diese gut durch Matrixproduktzustände angenähert werden können; die Approximation, die darin besteht sich auf eine feste Matrixdimension M zu beschränken, verursacht also einen Fehler, der sich i.A. gut kontrollieren lässt.

2.2 Dichtematrix-Renormierungsgruppe (DMRG)

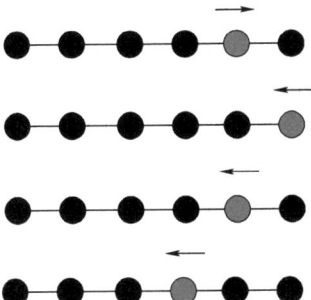

Abbildung 2.3.: Graphische Darstellung des „Sweepen" bei der DMRG für endliche Systeme. Die schattierte Markierung deutet an, welche der A-Matrizen gerade aktualisiert wird. Erreicht man ein Ende der Kette, so wird die Sweep-Richtung umgekehrt.

gewissermaßen die Variationsparameter, um den Ausdruck (2.18) zu minimieren. Die besondere Methode dieser Variante der DMRG besteht jedoch darin, jeweils nur eine einzelne Matrix für einen Platz ℓ zu betrachten. Nimmt man deren Einträge als Variationsparameter und minimiert (2.18) bezüglich dieser Parameter, so erhält man eine aktualisierte Matrix für diesen Platz ℓ. Indem man sich sukzessive die verschiedenen Plätze in der Kette vornimmt, entsteht das für die DMRG charakteristische sogenannte „Sweepen". Startet man vom linken Ende der Kette her, so wird immer eine Matrix weiter rechts optimiert, bis man zum rechten Ende der Kette gelangt und die Richtung umkehrt, vgl. Abbildung 2.3. Ist man wieder zum Ausgangspunkt gelangt, so ist ein „Sweep" vollendet. Dieses Prozedere wird eine feste Anzahl von Sweeps durchgeführt oder bis ein gewisses Abbruchkriterium erfüllt ist, welches eine hinreichende Konvergenz des Verfahrens bedeutet.

Es sind nun in den vorigen Abschnitten die Vorarbeiten geleistet worden, um das Optimierungskriterium konkret zu entwickeln, vgl. [27]. Die Funktion $\langle\psi|\hat{H}|\psi\rangle$ soll bezüglich der Matrixeinträge von $\boldsymbol{A}^{[\sigma_\ell]}$ unter der Nebenbedingung minimiert werden, dass die Wellenfunktion normiert bleibt, d.h. $\langle\psi|\psi\rangle = 1$. Daher führt man einen Lagrange-Parameter λ ein und erhält für die Extremalbedingung bezüglich des Elementes $A^{*[\tau_\ell]}_{\alpha,\beta}$:

$$\frac{\partial}{\partial A^{*[\sigma_\ell]}_{\alpha,\beta}}(\langle\psi|\hat{H}|\psi\rangle - \lambda\langle\psi|\psi\rangle) \stackrel{!}{=} 0 \qquad (2.19)$$

Der erste Ausdruck war in Abschnitt 2.2.2 explizit in Abhängigkeit von den Matrixelementen von $A^{*[\sigma_\ell]}$ aufgestellt worden, s. Gleichung (2.17). Einsetzen dieses Terms ergibt:

$$\frac{\partial}{\partial A^{*[\tau_\ell]}_{\alpha,\beta}}\langle\psi|\hat{H}|\psi\rangle = \frac{\partial}{\partial A^{*[\tau_\ell]}_{\alpha,\beta}}\sum_{\substack{k_{\ell-1},k'_{\ell-1},k''_{\ell-1} \\ k_\ell,k'_\ell,k''_\ell,\sigma_\ell,\sigma'_\ell}} L_{k_{\ell-1},k'_{\ell-1},k''_{\ell-1}} M^{\sigma_\ell,\sigma'_\ell}_{k'_{\ell-1},k'_\ell} R_{k_\ell,k'_\ell,k''_\ell} A^{*[\sigma_\ell]}_{k_{\ell-1},k_\ell} A^{[\sigma'_\ell]}_{k''_{\ell-1},k''_\ell}$$

(2.20)

$$= \sum_{\substack{k'_{\ell-1},k''_{\ell-1} \\ k'_\ell,k''_\ell,\sigma_\ell,\sigma'_\ell}} L_{\alpha,k'_{\ell-1},k''_{\ell-1}} M^{\tau_\ell,\sigma'_\ell}_{k'_{\ell-1},k'_\ell} R_{\beta,k'_\ell,k''_\ell} A^{[\sigma'_\ell]}_{k''_{\ell-1},k''_\ell} \quad (2.21)$$

Für den zweiten Term lässt sich Gleichung (2.4) verwenden, womit dieser sich vereinfacht zu:

$$\frac{\partial}{\partial A^{*[\tau_\ell]}_{\alpha,\beta}}\lambda\langle\psi|\psi\rangle = \lambda \frac{\partial}{\partial A^{*[\tau_\ell]}_{\alpha,\beta}} A^{*[\sigma_\ell]}_{k_{\ell-1},k_\ell} A^{[\sigma_\ell]}_{k_{\ell-1},k_\ell} = \lambda A^{[\tau_\ell]}_{\alpha,\beta}.$$

Damit ergibt die Extremalbedingung nach dem Einsetzen beider Terme:

$$\sum_{\substack{k'_{\ell-1},k''_{\ell-1} \\ k'_\ell,k''_\ell,\sigma_\ell,\sigma'_\ell}} \left(L_{\alpha,k'_{\ell-1},k''_{\ell-1}} M^{\tau_\ell,\sigma'_\ell}_{k'_{\ell-1},k'_\ell} R_{\beta,k'_\ell,k''_\ell} A^{[\sigma'_\ell]}_{k''_{\ell-1},k''_\ell} - \lambda A^{[\tau_\ell]}_{\alpha,\beta} \right) \stackrel{!}{=} 0.$$

Da diese Bedingung für alle τ_ℓ, α, β gelten muss, gilt sie ebenso für die Summe aller Terme:

$$\sum_{\substack{k'_{\ell-1},k''_{\ell-1},\alpha,\beta \\ k'_\ell,k''_\ell,\sigma_\ell,\sigma'_\ell}} \left(L_{\alpha,k'_{\ell-1},k''_{\ell-1}} M^{\tau_\ell,\sigma'_\ell}_{k'_{\ell-1},k'_\ell} R_{\beta,k'_\ell,k''_\ell} A^{[\sigma'_\ell]}_{k''_{\ell-1},k''_\ell} - \lambda A^{[\tau_\ell]}_{\alpha,\beta} \right) = 0 \quad (2.22)$$

Wenn man den Term $\sum_{k'_{\ell-1},k'_\ell} L_{\alpha,k'_{\ell-1},k''_{\ell-1}} M^{\tau_\ell,\sigma'_\ell}_{k'_{\ell-1},k'_\ell} R_{\beta,k'_\ell,k''_\ell}$ als eine $dM^2 \times dM^2$-Matrix $\mathcal{A}_{(\tau_\ell\alpha\beta)(\sigma'_\ell k''_{\ell-1}k''_\ell)}$ auffasst und die Matrix $A^{[\sigma_\ell]}_{k_{\ell-1},k_\ell}$ als einen dM^2 Vektor $v_{\sigma_\ell k_{\ell-1} k_\ell}$, so lässt sich diese Gleichung auch kompakter als Eigenwertgleichung schreiben. Der Lagrangemultiplikator λ hat dann die Rolle des Eigenwertes inne:

$$\mathcal{A}v = \lambda v. \quad (2.23)$$

Die Lösung dieses Eigenwertproblems lässt sich z.B. mit Hilfe der Lanczos-Methode gewinnen, vgl. Abschnitt 2.1. Der Eigenvektor erbringt die neuen Einträge der Matrix $A^{[\sigma_\ell]}_{k_{\ell-1},k_\ell}$. Um die Orthonormalisierung der Matrizen aufrechtzuerhalten, muss jedoch noch eine Singulärwertzerlegung der aktualisierten Matrix vorgenommen werden, $\boldsymbol{A}^{[\sigma_\ell]} = \boldsymbol{U\Sigma V}^\dagger$, wie dies im Abschnitt 2.2.2 gezeigt wurde. Bewegt man sich beim Sweep nach rechts, so werden die verbleibenden Matrizen $\boldsymbol{\Sigma V}^\dagger$ zu der vorigen Matrix $\boldsymbol{A}^{[\sigma_{\ell+1}]}$ multipliziert. Diese dient dann als Startwert für das Eigenwertproblem, wenn nun im nächsten Schritt die Matrix $\boldsymbol{A}^{[\sigma_{\ell+1}]}$ optimiert wird.
Für die Durchführung der DMRG nach diesem Prinzip ergibt sich damit das folgende Ablaufschema, vgl. [27]:

- Starte mit einem Matrixproduktzustand in rechsnormalisierter Form.

2.2 Dichtematrix-Renormierungsgruppe (DMRG)

- Berechne iterativ die R-Ausdrücke (2.16) an allen Positionen $L - 1$ bis 1.
- Nach rechts „Sweepen": Starte mit $\ell = 1$. Löse das Eigenwertproblem (2.23) beziehungsweise (2.22), um die neue optimierte Matrix $\boldsymbol{A}^{[\sigma_\ell]}$ zu erhalten. Führe eine Singulärwertzerlegung durch, um $\boldsymbol{A}^{[\sigma_\ell]}$ in linksnormale Form zu bringen. Berechne die L-Ausdrücke (2.15) für einen Platz mehr (am rechten Rand, d.h. $\ell + 1$). Setze $\ell \to \ell + 1$ und wiederhole den Vorgang.
- Nach links „Sweepen": Starte mit $\ell = L$. Löse das Eigenwertproblem (2.23) beziehungsweise (2.22) um die neue optimierte Matrix $\boldsymbol{A}^{[\sigma_\ell]}$ zu erhalten. Führe eine Singulärwertzerlegung durch, um $\boldsymbol{A}^{[\sigma_\ell]}$ in rechtsnormale Form zu bringen. Berechne die R-Ausdrücke (2.16) für einen Platz mehr (am linken Rand, d.h. $\ell - 1$). Setze $\ell \to \ell - 1$ und wiederhole den Vorgang.
- Wiederhole beide Prozeduren bis Konvergenz eintritt. Ein guter Test für die Konvergenz ist die Energievarianz $\langle\psi|H^2|\psi\rangle - (\langle\psi|H|\psi\rangle)^2$. Für einen Eigenzustand wäre diese exakt null.

Zu dem bis hierher dargestellten Algorithmus ist noch Folgendes anzumerken. Das variationelle Prinzip garantiert zwar, dass die Energie mit jeder Optimierung der Matrizen verringert wird oder konstant bleibt, es zeigt sich jedoch, dass der Algorithmus oft in metastabilen Zuständen stecken bleibt. Von White stammt eine Methode dieses Steckenbleiben durch zusätzliche, kleine Fluktuationen zu verhindern [50]. Diese Variante der „1-site"-DMRG wurde auch in dieser Arbeit verwendet.

DMRG für den thermodynamischen Limes

Seit den Anfängen der DMRG existiert eine Variante bei der durch zusätzliches Einfügen von Gitterplätzen in der Mitte des Systems, die Kette sukzessive vergrößert wird. Ian McCulloch hat dieses Verfahren nun auch auf der Basis von Matrixproduktzuständen formuliert und dabei entscheidende Verbesserungen erzielt [28]. Ein wichtiger Punkt zum Verständnis des Verfahrens ist der Begriff der Einheitszelle. Diese entspricht den q Kettenplätzen, die in einem Iterationsschritt hinzugefügt werden. Die Größe der Einheitszelle q spielt eine wichtige Rolle, wenn man für den Zielzustand einen festen Wert für eine Erhaltungsgröße wie z.B. die Magnetisierung vorgeben möchte. Der vorgegebene Wert der Magnetisierung kann nur in Schritten von $1/q$ geändert werden. Nach dem Abschluss der Iterationen stellt eine Aneinanderreihung dieser Einheitszellen auch die Näherung für die Wellenfunktion des unendlichen Systems dar. In der Praxis kann man natürlich nur eine endliche Anzahl der Einheitszellen hintereinanderketten, aber dennoch Korrelationsfunktionen bis zu sehr großen Abständen berechnen. Im Folgenden soll nun das Iterationsverfahren näher beschrieben werden. Ich folge dabei der Darstellungsweise von [28], in welcher die Zentrumsmatrix-Formulierung verwendet wurde. Dabei ist die linke Hälfte der $\boldsymbol{A}$-Matrizen linksnormalisiert und die Matrizen $\boldsymbol{B}$, die zu den Plätzen der rechten Hälfte gehören, sind rechtsnormalisiert. In der Mitte des Systems verbindet die Zentrumsmatrix Λ die linken und rechten Hälften, ohne mit einem Kettenplatz assoziiert zu sein. Die Wellenfunktion hat also die folgende Form:

$$|\psi_n\rangle = \sum_{\{\sigma_i\},\{\sigma'_i\}} A^{[\sigma_1]} \ldots A^{[\sigma_n]} \Lambda_n B^{[\sigma_n]} \ldots B^{[\sigma_1]} |\sigma_1 \ldots \sigma_n\rangle |\sigma'_n \ldots \sigma_1\rangle. \quad (2.24)$$

Diese Form wird im Weiteren abgekürzt mit:

$$|\psi_n\rangle = A^{[\sigma_1]} \ldots A^{[\sigma_n]} \Lambda_n B^{[\sigma_n]} \ldots B^{[\sigma_1]}. \quad (2.25)$$

Für die Einfachheit der Darstellung wird im Folgenden eine Einheitszelle der Größe $q = 2$ betrachtet.
Das Ablaufschema des Algorithmus ist dann wie folgt gegeben, vgl. [28]:

- Initialisierung: Bestimme die Grundzustandswellenfunktionen $|\psi_1\rangle = A^{[\sigma_1]} \Lambda_1 B^{[\sigma_1]}$ und $|\psi_2\rangle = A^{[\sigma_1]} A^{[\sigma_2]} \Lambda_2 B^{[\sigma_2]} B^{[\sigma_1]}$ für 2 beziehungsweise 4 Gitterplätze und setze $n = 2$.

- Z.B. durch eine Singulärwertzerlegung kann die Position der Zentrumsmatrix nach links verschoben werden. Aus dem Produkt $A^{[\sigma_n]} \Lambda_n$ wird so $\Lambda_n^L B^{[\sigma_{n+1}]}$, mit einem rechtsnormalisierten $B^{[\sigma_{n+1}]}$ und einer „Zentrumsmatrix" Λ_n^L, die sich nun am linken Rand der Einheitszelle befindet.

- Verschiebe die Zentrumsmatrix an den rechten Rand der Einheitszelle um $A^{[\sigma_{n+1}]} \Lambda_n^R$ zu erhalten.

- Die neue Wellenfunktion des um zwei Plätze vergrößerten Systems kann nun auf folgende Weise dargestellt werden:

$$|\psi_n^{\text{test}}\rangle = A^{[\sigma_1]} \ldots A^{[\sigma_{n+1}]} \Lambda_n^L \Lambda_{n-1} \Lambda_n^R B^{[\sigma_{n+1}]} \ldots B^{[\sigma_1]},$$

d.h. als Ansatz für die neue Zentrumsmatrix wurde $\Lambda_{n+1} = \Lambda_n^L \Lambda_{n-1} \Lambda_n^R$ gewählt.

- Verwende diesen Ansatz um die Matrizen $A^{[\sigma_{n+1}]}$, Λ_{n+1} und $B^{[\sigma_{n+1}]}$ über ein Eigenwertproblem wie (2.23) zu optimieren.

- Verkleinere die Dimension von Λ_{n+1}, z.B. über Singulärwertzerlegung, auf ein festes M.

- Breche die Iterationen ab, falls Λ_{n+1} sich von Λ_n^L beziehungsweise Λ_n^R in einer geeigneten Metrik kaum noch unterscheidet. Sonst setze $n \to n + 1$ und wiederhole das Verfahren ab dem zweiten Schritt.

2.2.4. Anwendungsbeispiel: Korrelationsfunktionen

Als ein Beispiel für die Anwendung der zuvor besprochenen Methoden wird hier die Berechnung von statischen Korrelationsfunkionen gezeigt werden, die im Rahmen dieser Arbeit eine wichtige Rolle spielen.

2.2 Dichtematrix-Renormierungsgruppe (DMRG)

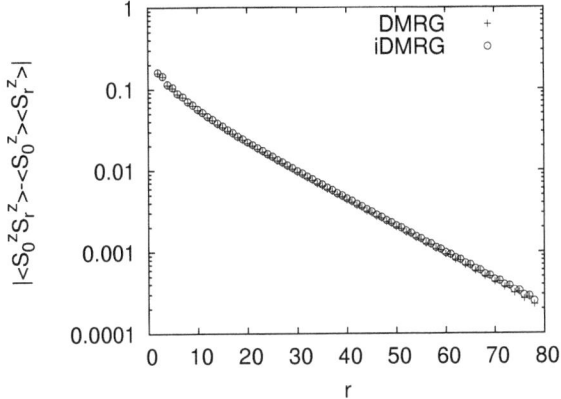

Abbildung 2.4.: Gemittelte, reduzierte longitudinale Korrelationsfunktionen in einfachlogarithmischer Auftragung. Die Matrixdimension M ist 400 für die DMRG-Daten und für die iDMRG-Daten. Die Parameter des Modells (3.1) sind $\Delta = 5, D/J = 2.5$ und $m = \frac{13}{32}$ ($B/J \approx 7.7$). Die Länge des Systems bei der DMRG-Rechnung war $L = 128$ und der Mittelungsparameter, siehe (2.27), ist $\delta = 14$.

Mit der DMRG und iDMRG lassen sich die Korrelationsfunktionen $\langle A_i B_j \rangle$ für Operatoren A_i B_j bestimmen, die lokal auf den Plätzen i,j wirken. Diese Berechnung kann bei der DMRG für alle Paare $i,j \leq L$ durchgeführt werden. Bei der iDMRG ist die Begrenzung durch die Systemgröße L nicht gegeben und man kann sich eine Maximalgröße vorgeben, bis zu der man die Paarkorrelationen berechnet. In beiden Fällen ist es sinnvoll eine Mittelung der Daten über alle Paare vorzunehmen. Bei der iDMRG-Methode wurde dabei einfach über alle Paare summiert, die den vorgegebenen Abstand r aufweisen und anschließend durch deren Anzahl geteilt:

$$\langle A_0 B_r \rangle = \frac{\sum\limits_{|i-j|=r} \langle A_i B_j \rangle}{\sum\limits_{|i-j|=r} 1}, \qquad (2.26)$$

Bei der DMRG-Methode für endliche Systeme der Länge L ist es bei offenen Randbedingung meist sinnvoll die 2δ äußersten Plätze nicht in die Mittelung miteinzubeziehen:

$$\langle A_0 B_r \rangle = \frac{\sum\limits_{\substack{|i-j|=r \\ \delta < i,j < L-\delta}} \langle A_i B_j \rangle}{\sum\limits_{\substack{|i-j|=r \\ \delta < i,j < L-\delta}} 1}. \qquad (2.27)$$

Der Wert von δ wurde dabei hinreichend groß gewählt, um Randeffekte zu minimieren.[7] Die DMRG-Daten von Korrelationsfunkionen, die hier und in den folgenden

---
[7] Für sehr kleine Werte von δ sieht man, dass eine Erhöhung von δ die Korrelationsfunktion für größere

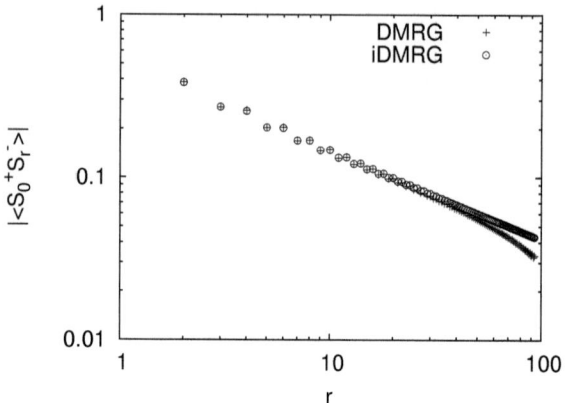

Abbildung 2.5.: Gemittelte, reduzierte transversale Korrelationsfunktionen in doppeltlogarithmischer Auftragung. Die Parameter des Modells (3.1) sind $\Delta = 5, D/J = 2.5$ und $m = \frac{13}{32}$ ($B/J \approx 7.7$). Die Matrixdimension M ist 400 für die DMRG- und für die iDMRG-Daten. Die Länge des Systems bei der DMRG-Rechnung ist $L = 128$, der Mittelungsparameter, siehe (2.27), $\delta = 9$.

Kapiteln gezeigt werden, sind immer nach diesen beiden Vorschriften gemittelt. In den Abbildungen 2.4 und 2.5 ist ein Vergleich von DMRG und iDMRG-Daten für das Modell (3.1) gezeigt, das im nächsten Kapitel eingeführt werden wird. Die Daten der beiden Methoden stimmen für die longitudinale Korrelationsfunktion, Abbildung 2.4, sehr gut überein. Erst bei größeren Abständen machen sich kleinere Abweichungen bemerkbar. Bei der transversalen Korrelationsfunktion, Abbildung 2.4, zeigen sich hingegen größere Abweichungen. Hier weichen die DMRG-Daten für $r \gtrsim 40$ von dem erwarteten algebraischen Zerfallsgesetz ab. Hier wäre vermutlich eine größere Matrixdimension M nötig, um den algebraischen Zerfall auch für größere Abstände korrekt wiedergeben zu können.

Dabei handelt es sich um eine wohlbekannte Eigenschaft der DMRG-Methode: Eine algebraisch zerfallende Korrelationsfunkion kann bei festem M nur bis zu einem gewissen Abstand korrekt dargestellt werden. Durch ein Erhöhen von M kann dieser Abstand jedoch weiter hinausgeschoben werden. Im Folgenden wird dieses Verhalten an iDMRG-Daten demonstriert.

Exemplarisch sind dazu transversale und longitudinale Korrelationsfunktionen für verschiedene Werte von M und Parameter des Modells (3.1) berechnet worden. Abbildung 2.6 und 2.7 zeigen longitudinale Korrelationsfunkionen, während in Abbildung 2.8 und 2.9 die transversalen Korrelationsfunktionen gezeigt sind. Es werden jeweils Beispiele für einen exponentiellen Zerfall, Abbildung 2.6 und 2.8, und einen

---

Abstände noch ein wenig ändert. δ wurde demnach so groß gewählt, dass keine dieser Änderungen mehr sichtbar waren.

2.2 Dichtematrix-Renormierungsgruppe (DMRG)

algebraischen Zerfall, Abbildung 2.7 und 2.9, gegeben.
Folgende Beobachtungen lassen sich machen: Je kleiner der Wert von M ist, desto früher zeigen sich Abweichungen von den anderen Daten. Um die Korrelationsfunktion auf einer gewissen Längenskala zuverlässig zu beschreiben, sollte also sichergestellt werden, dass die Matrixdimension M hinreichend groß gewählt wurde. Daneben ist augenfällig, dass in den Phasen mit einem exponentiellen Zerfall der Korrelationsfunktion schon sehr geringe Werte von M genügen, während bei den Korrelationsfunkionen, die algebraisch zerfallen, größere Werte von M notwendig sind, um diese mit entsprechender Genauigkeit darstellen zu können.

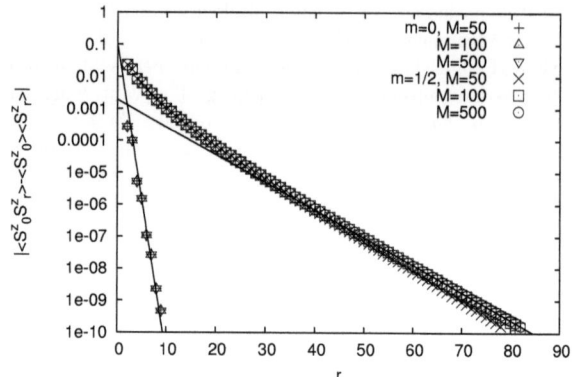

Abbildung 2.6.: Gemittelte, reduzierte longitudinale Korrelationsfunktionen in einfachlogarithmischer Auftragung. Die eingezeichneten Geraden entsprechen Korrelationslängen von $\xi \approx 0.64$ ($m = 0$) und $\xi \approx 5.1$ ($m = 1/2$). Die Parameter des Modells (3.1) sind $\Delta = 5, D/J = 2.5$, $m = 0$ ($B/J \approx 0$) beziehungsweise $m = 1/2$ ($B/J \approx 9$).

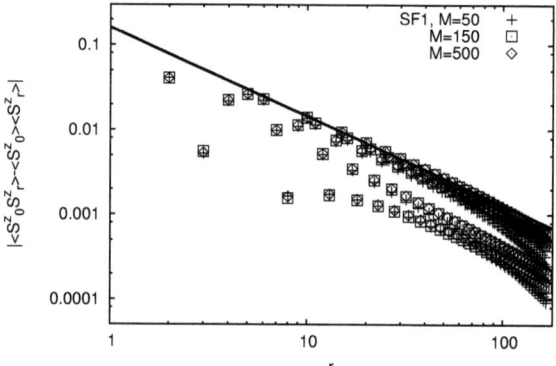

Abbildung 2.7.: Gemittelte, reduzierte longitudinale Korrelationsfunkion in doppeltlogarithmischer Auftragung. Die durchgezogene Linie entspricht einem algebraischen Zerfall mit dem Exponenten $\eta_z \approx 1.1$. Die verschiedenen Äste kommen dadurch zustande, dass der Zerfall mit einer charakteristischen Wellenzahl moduliert ist. Die Parameter des Modells (3.1) sind $\Delta = 5, D/J = 2.5$ und $m = 0.6$ ($B/J \approx 11.4$).

2.2 Dichtematrix-Renormierungsgruppe (DMRG)

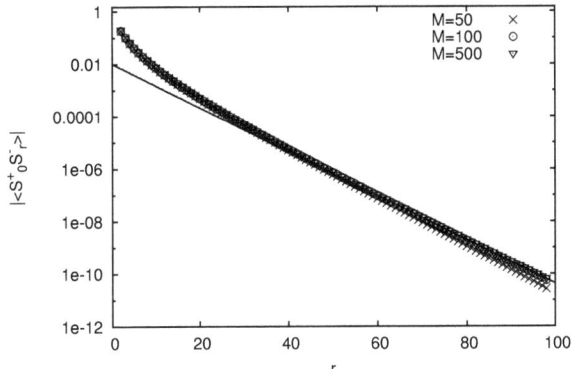

Abbildung 2.8.: Gemittelte, transversale Korrelationsfunktionen für verschiedene Werte der Matrixdimension M in einfachlogarithmischer Auftragung, bestimmt mit Hilfe der iDMRG-Methode. Die durchgezogene Linie entspricht einem exponentiellen Zerfall mit $\xi \approx 5.1$. Die Parameter des Modells (3.1) sind $\Delta = 5, D/J = 2.5$ und $m = 1/2$ ($B/J \approx 9$).

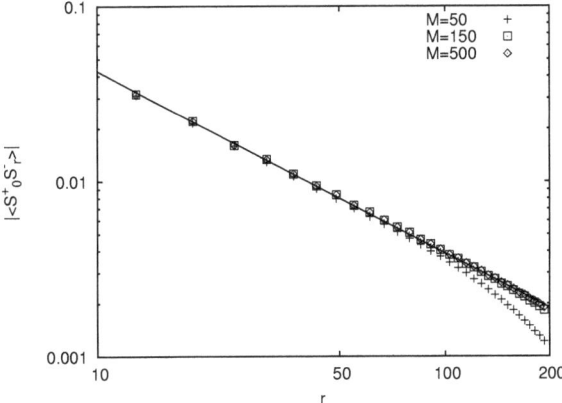

Abbildung 2.9.: Gemittelte, transversale Korrelationsfunktionen in doppeltlogarithmischer Auftragung bestimmt mit Hilfe der iDMRG für verschiedene Werte von M. Die durchgezogene Linie entspricht einem algebraischen Zerfall mit dem Exponenten $\eta_{xy} \approx 1.04$. Die Parameter des Modells (3.1) sind $\Delta = 5, D/J = 2.5$ und $m = 3/5$ ($B/J \approx 11.2$).

3. Modelle und Überblick zu Grundzustandsphasendiagrammen

Das diesen Untersuchungen zugrunde liegende Modell ist eine antiferromagnetische XXZ-Spinkette mit zusätzlicher Ein-Ionen-Anisotropie D im magnetischen Feld B. Der Hamiltonoperator, beziehungsweise im klassischen Limes die Hamiltonfunktion, hat die Form:

$$\mathcal{H} = J\sum_{\langle ij\rangle}(S_i^x S_j^x + S_i^y S_j^y + \Delta S_i^z S_j^z) + D\sum_i (S_i^z)^2 - B\sum_i S_i^z. \qquad (3.1)$$

Dabei bezeichnen die Indizes i,j Gitterplätze in der Kette. Die Klammer $\langle \cdot\cdot\rangle$ gibt an, dass über die Paare nächster Nachbarn summiert wird. Im Falle des klassischen Modells sind die Spins Vektoren. S_i^α, $\alpha = x,y$ oder z, ist dann eine Komponente des normierten Vektors $\vec{S}_i$, welcher die Orientierung des Spins angibt. Für den quantenmechanischen Fall bezeichnet S_i^α einen Operator und die S_i^α erfüllen die bekannte Kommutatorregel $[S_i^\alpha, S_i^\beta] = i\epsilon_{\alpha,\beta,\gamma}$, mit dem Levi-Civita-Symbol $\epsilon_{\alpha,\beta,\gamma}$. Der Eigenwert des Gesamtspinoperators $(S_i^x)^2 + (S_i^y)^2 + (S_i^z)^2$ auf jedem Gitterplatz i ist $S(S+1)$, wobei hier ein Gesamtspin von $S = 1$ betrachtet wird. Im Wesentlichen werde ich mich auf eine einachsige Austauschanisotropie, $\Delta > 1$, beschränken. Die Ein-Ionen-Anisotropie kann einachsig, $D < 0$, oder planar, $D > 0$, sein. Das Feld B sei positiv.

In diesem Kapitel werden grundlegende Eigenschaften der reichhaltigen Grundzustandsphasendiagramme dieses Modells dargestellt. Der Vergleich zwischen quantenmechanischem und klassischem Fall ist in mehrfacher Hinsicht fruchtbar. Einerseits lässt sich über das Phasendiagramm der klassischen Spins schon eine Intuition für den quantenmechanischen Fall gewinnen, und einige Phasen lassen sich analog zum klassischen Modell bezeichnen und beschreiben. Andererseits zeigen sich im Vergleich auch klar die Effekte der Quantennatur durch die Existenz von Phasen, die für klassische Spins nicht auftreten, oder durch die stark veränderte Stabilität einzelner Phasen [51,52].

Um an die Parameterwahl zweier wichtiger Vorarbeiten von Tonegawa, Okunishi und Sakai [23] sowie Sengupta und Batista [24] anzuknüpfen, liegt das Hauptaugenmerk auf zwei speziellen Situationen:

1. $\Delta = 5$, D/J und B/J frei, vgl. [23]

2. festes Verhältnis $J\Delta/D = 2$, B/J frei, vgl. [24].

Bei der Arbeit von Tonegawa *et al.* lag der Fokus auf der Untersuchung von zwei Spinflüssigkeitsphasen (SL), die für anisotrope Heisenberg Quanten-Spinketten bereits von Schulz [17] hervorgesagt worden waren. Diese beiden Phasen weisen ein Spektrum ohne Anregungslücke auf, d.h. die Energiedifferenz zwischen dem Grundzustand und dem ersten angeregten Zustand geht im thermodynamischen Limes gegen Null. Schulz gab mit Hilfe der Bosonisierung eine effektive Feldtheorie beider Phasen an und konnte damit wichtige Eigenschaften, wie z.b. Korrelationsfunktionen, bestimmen. Der wichtigste Unterschied ist, dass in der ersten Phase, die hier und im Weiteren mit SL1 bezeichnet wird, die Anregungen lückenlos sind, bei denen einfache Spinflips, S_i^+ und S_j^- an benachbarten Plätzen i,j durchgeführt werden, wobei $S_i^+ = S_i^x + iS_i^y$ und $S_j^- = S_j^x - iS_j^y$ die bekannten Aufsteige- und Absteigeoperatoren sind. Für negative D werden die Zustände mit $S_i^z = \pm 1$ energetisch bevorzugt. Die Anregung, bei der nur ein einfacher Spinflip durchgeführt wird, führt von diesen Zuständen aber auf den energetisch ungünstigen $S_i^z = 0$-Zustand. Diese Anregung hat in der mit SL2 bezeichneten Phase deshalb eine Energielücke. Ohne Anregungslücke bleiben jedoch die doppelten Spinflips mit der Anwendung von $(S_i^+)^2$ und $(S_j^-)^2$ an verschiedenen Plätzen i,j. Die genauen Eigenschaften dieser beiden Phasen werden im nächsten Kapitel erläutert.

Da Sengupta und Batista [24] nur positive Δ und D betrachten, trat bei ihnen nur die SL1-Phase auf. Sie ermittelten mit Hilfe von Quanten-Monte-Carlo-Simulationen das Phasendiagramm und identifizierten eine weitere kritische Phase ohne Anregungslücke. Diese „supersolid" genannte Phase (SS) unterscheidet sich von den beiden SL-Phasen darin, dass sie, wie die antiferromagnetische Phase, eine nicht verschwindende alternierende Magnetisierung aufweist. Die Bezeichnung rührt von einer Analogie mit dem Bose-Quantengittergasmodell her, auf welches sich die Spinkette abbilden lässt [7, 8]. Auch eine Vielzahl von massiven Phasen mit Anregungslücke konnten Sengupta und Batista identifizieren: die antiferromagnetische, die ferromagnetische Phase, die Phase mit einem Plateau bei halber Magnetisierung, „half magnetization plateau", im Weiteren mit HMP abgekürzt, und die Haldane-Phase.

Rossini, Giovannetti und Fazio [25] studierten dieselbe Parameterwahl wie Sengupta und Batista. Der Schwerpunkt der Untersuchung lag auf der genauen Charakterisierung des Übergangs von der Supersolid-Phase zu der HMP-Phase. Im Folgenden sollen nun jedoch zunächst die Grundzustandsphasendiagramme für den klassischen Fall beschrieben werden.

3.1 Klassische Heisenbergkette mit Austausch- und Ein-Ionen-Anisotropien

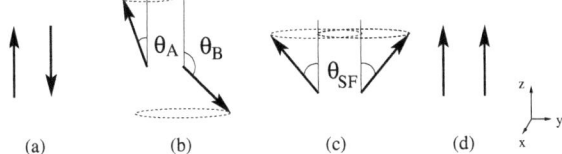

Abbildung 3.1.: Die klassischen Grundzustandskonfigurationen zur Hamiltonfunktion (3.1) sind: (a) Antiferromagnetische, (b) bikonische, (c) Spin-Flop und (d) ferromagnetische Strukturen.

3.1. Klassische Heisenbergkette mit Austausch- und Ein-Ionen-Anisotropien

Um die möglichen klassischen Grundzustandskonfigurationen zu ermitteln, muss man die Hamiltonfunktion (3.1) minimieren. Dazu zerlegt man zunächst die Kette in zwei Untergitter benachbarter Plätze A und B und nimmt an, dass auf jedem dieser Untergitter die Spins die gleiche Orientierung aufweisen [7, 53]. Dabei wird vorausgesetzt, dass Konfigurationen mit einer größeren Einheitszelle als Grundzustandskonfiguration ausgeschlossen werden können. Diese Annahme wird insbesondere durch Monte-Carlo-Simulationen bestätigt [54, 55]. Das Problem reduziert sich so auf die Minimierung der Wechselwirkungsenergie zweier Nachbarspins, $\vec{S}_A$ und $\vec{S}_B$. Die Ausrichtung dieser beiden Spins lässt sich z.B. über deren Azimutal- und Polarwinkel beschreiben. Die Minimierung der Energie, ausgedrückt in diesen Variablen, lässt sich analytisch durchführen, indem man diese nach den vier Parametern ableitet [7, 53]. Unter anderem die Phasengrenzen, wie sie in den Abbildungen 3.2 und 3.5 eingetragen sind, lassen sich als einfache analytische Ausdrücke angeben. Die numerische Minimierung der Energie wurde zur Überprüfung ebenfalls durchgeführt. Insbesondere wurde sie herangezogen, um die Polarwinkel in der bikonischen Phase zu bestimmen. Vier Grundzustandskonfigurationen, wie sie sich aus dieser Minimierung ergeben, sind in Abbildung 3.1 dargestellt: In der antiferromagnetischen Struktur (AF) sind die Spins auf den beiden Untergittern parallel beziehungsweise antiparallel zur leichten Achse, der z-Richtung, orientiert. Die alternierende Magnetisierung $m_{\text{st}} = \frac{1}{2}|S_A^z - S_B^z|$, welche der Differenz der Magnetisierungen der beiden Untergitter S_A^z und S_B^z entspricht, nimmt ihren Maximalwert an, $m_{\text{st}} = 1$. Die bikonische[1] Konfiguration (BK) weist ebenfalls noch eine nicht verschwindende alternierende Magnetisierung auf, weil sich die Winkel θ_A und θ_B unterscheiden, die die Spins mit der z-Achse auf den beiden Untergittern einschließen. Zusätzlich sind die Spins auch in der xy-Ebene antiferromagnetisch ausgerichtet, wobei es eine kontinuierliche Entartung in dem Azimutalwinkel des Spins in der xy-Ebene gibt: Die Orientierung eines Spins in der xy-Ebene kann frei gewählt werden, lediglich der Spin auf dem anderen Untergitter muss dann die gegenüberliegende Position einnehmen, wie dies durch die Kreise

---
[1] Diese Strukturen wurden zunächst als „mixed" oder „intermediate" bezeichnet [7]. Später wurde häufig der Begriff „biconical" (zu Deutsch: bikonisch) verwendet [13, 14].

Kapitel 3. Modelle und Überblick zu Grundzustandsphasendiagrammen

in Abbildung 3.1 angedeutet ist. Weil die Öffnungswinkel der Kegel, auf denen die Spins liegen können, verschieden sind, bezeichnet man diese Konfigurationen auch als Doppelkegelstrukturen beziehungsweise bikonisch. In der Spin-Flop-Phase (SF) sind die Öffnungswinkel θ_{SF} der beiden Kegel identisch. Die alternierende Magnetisierung ist demnach null, während es in der xy-Ebene weiterhin eine antiferromagnetische Orientierung der Spins gibt. Erhöht man in der Spin-Flop-Phase das magnetische Feld B so strebt der Winkel θ_{SF} kontinuierlich gegen Null. Der kritische Wert des Feldes, an dem die Spins dann vollständig in Richtung des Feldes weisen, markiert den Beginn der ferromagnetischen Phase (FM). In dieser erreicht die Magnetisierung $m = \frac{1}{2}|S_A^z + S_B^z|$ ihren Sättigungswert 1.

Für die erste Wahl der Parameter, $\Delta = 5$, ergibt sich in der $(D/J, B/J)$-Ebene das Phasendiagramm, welches in Abbildung 3.2 gezeigt ist. Betrachtet man hier zunächst die Linie mit verschwindender Ein-Ionen-Anisotropie $D/J = 0$, so sieht man, dass bis zu einem kritischen Wert des Feldes, $B_c/J = 4\sqrt{6} \approx 9.80$, die antiferromagnetische Phase stabil ist, dann die Spin-Flop-Phase für einen ausgedehnten Feldbereich und schließlich für noch höhere Werte des Feldes die ferromagnetische Phase erreicht wird. Besonderes Augenmerk ist hier auf den Punkt zu richten, an dem der Übergang zwischen antiferromagnetischer und Spin-Flop-Phase stattfindet. Für diesen Punkt liegt eine hohe Entartung vor: Die antiferromagnetische und die Spin-Flop-Struktur sowie bikonische Strukturen haben alle die gleiche Energie. Bei den bikonischen Strukturen ist hier auch zu beachten, dass die Winkel θ_A und θ_B über den festen, funktionalen Zusammenhang [53]

$$\theta_B = \arccos\left(\frac{\alpha - \cos\theta_A}{1 - \alpha\cos\theta_A}\right) \tag{3.2}$$

korreliert sind, wobei allgemein

$$\alpha = \sqrt{1 - \frac{4}{(2\Delta - 2D/J)^2}}. \tag{3.3}$$

Für $D/J = 0$ ergibt sich dann

$$\theta_B = \arccos\left(\frac{\sqrt{1 - 1/\Delta^2} - \cos\theta_A}{1 - \sqrt{1 - 1/\Delta^2}\cos\theta_A}\right),$$

welches mit dem Ausdruck in [54] übereinstimmt. Alle Paare von Polarwinkeln, (θ_A, θ_B), die diesen funktionalen Zusammenhang erfüllen, treten an dem entarteten Punkt auf.

3.1 Klassische Heisenbergkette mit Austausch- und Ein-Ionen-Anisotropien   31

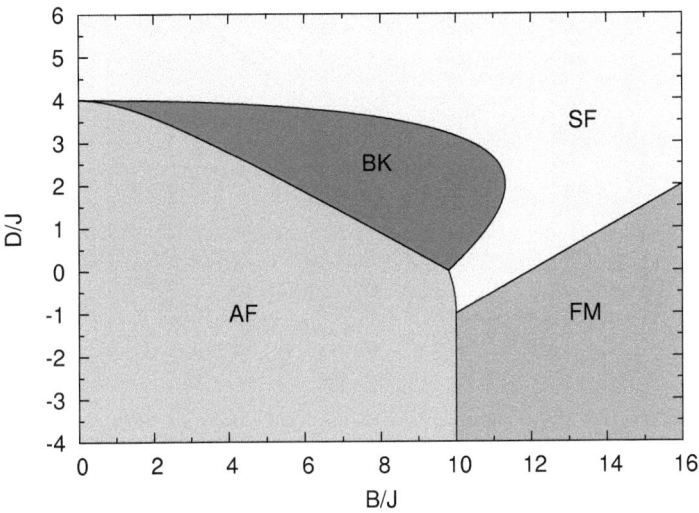

Abbildung 3.2.: Grundzustands-Phasendiagramm des klassischen Modells für $\Delta = 5$, s. [52]. Die farbige Abbildung ist online verfügbar.

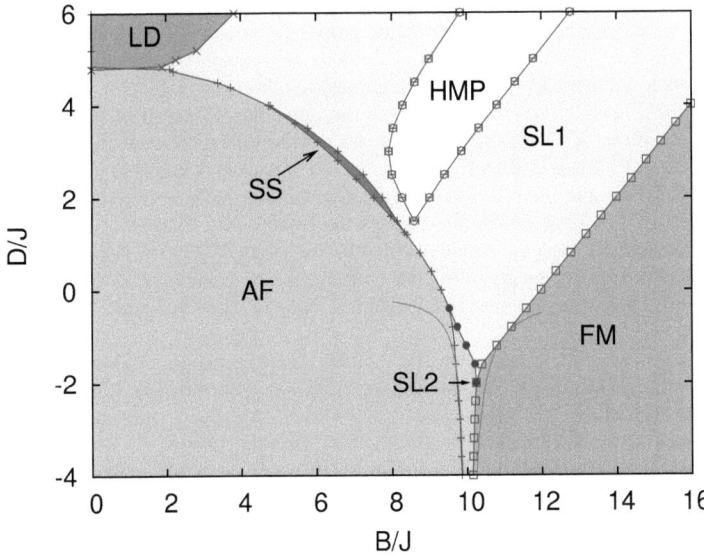

Abbildung 3.3.: Das Phasendiagramm für die Spin-1 Kette mit $\Delta = 5$ bestimmt mit Hilfe der iDMRG ($M = 150$ Zustände). Eingezeichnet sind die Phasen mit den im Text eingeführten Abkürzungen. Die beiden roten Linien entsprechen der Störungstheorie für kleine negative $D \ll 0$, vgl. Anhang A. (Farbige Abbildung online)

32 Kapitel 3. Modelle und Überblick zu Grundzustandsphasendiagrammen

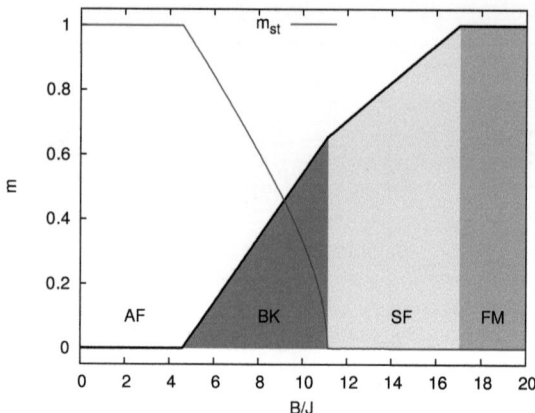

Abbildung 3.4.: Die Gesamtmagnetisierung für das Modell klassischer Spins als Funktion des Feldes B (numerisch bestimmt). In der AF-Phase ist die alternierende Magnetisierung $m_{st} = 1$. In der BK-Phase ist $m_{st} > 0$. In der SF-Phase ist $m_{st} = 0$. Für $B/J > 17$ sind die Spins ferromagnetisch orientiert. $\Delta = 5, D/J = 2.5$. (Farbige Abbildung online.)

Eine nicht verschwindende Ein-Ionen-Anisotropie D, $D \neq 0$, hebt die Entartung der bikonischen Struktur mit den beiden anderen Strukturen auf. Für negative $D < 0$ wirkt sie unterstützend zur Austauschanisotropie $\Delta > 1$, welche ebenfalls eine Ausrichtung der Spins entlang der leichten Achse z bevorzugt. Die bikonischen Strukturen werden unterdrückt. Für hinreichend negative Werte von D, $D < -1$, wird die Uniaxialität schließlich so stark, dass auch die Spin-Flop-Phase nicht mehr auftritt, sondern ein direkter Übergang zwischen der antiferromagnetischen und der ferromagnetischen Phase stattfindet. Für $D/J > 0$ hingegen konkurrieren die beiden Anisotropieterme und die bikonische Struktur wird über einen endlichen Feldbereich stabilisiert. In diesem ausgedehnten Bereich der bikonischen Phase ist die Entartung in den Winkeln θ_A und θ_B aufgehoben, d.h. zu jedem Wert des Feldes B/J und der Ein-Ionen-Anisotropie D/J tritt nur eine spezifische Kombination der Winkel θ_A und θ_B auf. Diese wurde numerisch bestimmt und die Beziehung der Winkel (3.2) verifiziert.

Für ein konstantes D/J lässt sich die Abfolge der Phasen als Funktion von B/J durch die Betrachtung der Magnetisierung und der alternierende Magnetisierung ermitteln. Abbildung 3.4 zeigt diese beiden Größen für D/J, wie sie sich aus der numerischen Minimierung der Energie ergeben. Oberhalb des kritischen Feldes von $B_{c1}/J = \sqrt{21} \approx 4.58$ sind die bikonischen Konfigurationen stabil. Durch die unterschiedlichen Winkel θ_A und θ_B auf den Untergittern ist die alternierende Magnetisierung aber weiterhin größer als Null. Mit steigendem Feld nähern die z-Komponenten der Spins sich kontinuierlich an, bis die Untergittermagnetisierungen an einem zweiten kritischen Feld $B_{c2}/J = 51/\sqrt{21} \approx 11.13$ schließlich übereinstimmen.

3.1 Klassische Heisenbergkette mit Austausch- und Ein-Ionen-Anisotropien

m	m_{st}	$m_{\text{st}}^{xy}/\rho_s$	klassisch	QM
0	$\neq 0$	0	antiferro	antiferro
$m(B)\uparrow$	0	$\neq 0$	spin-flop	spinflüssig
$m(B)\uparrow$	$\neq 0$	$\neq 0$	bikonisch	supersolid
1	0	0	ferro	ferro
0	0	0	-	Large-D
$\frac{1}{2}$	$\neq 0$	0	-	HMP
0	0	0	-	Haldane

Tabelle 3.1.: Die Phasen des anisotropen Spin-Modells (3.1) im klassischen wie im quantenmechanischen (QM) Fall. Der Ordnungsparameter m_{st}^{xy} für die klassischen Spins wird im quantenmechanischen Fall durch die Spinsteifigkeit ρ_s ersetzt. Das Symbol $m(B)\uparrow$ soll andeuten, dass in dieser Phase $m(B)$ kontinuierlich und monoton ansteigt. Die Unterscheidung zwischen der Haldane-Phase und der large-D-Phase muss über den Stringordnungsparameter vorgenommen werden, vgl. Text S. 36.

Bei der zweiten Parameterwahl stehen die Anisotropien in einem festen Verhältnis $J\Delta/D = 2$. Dies führt zu einer leicht geänderten Topologie des Phasendiagramms, siehe Abbildung 3.5. So ist zum Beispiel für kleine Anisotropien und kleine Felder in der Nähe des Ursprungs die antiferromagnetische Phase nicht stabil. Für ein verschwindendes magnetisches Feld wird eine planare Anordnung der Spins in der xy-Ebene bevorzugt, welche bei dem Anlegen eines nicht-verschwindenden Magnetfeldes kontinuierlich in die Spin-Flop-Phase übergeht, indem die Spins leicht aus der xy-Ebene gekippt werden. Erst oberhalb eines kritischen Wertes der Anisotropie, $\Delta = 2$, wird die antiferromagnetische Phase stabil. Anders als in Diagramm 3.2 setzt sie sich wegen der gemeinsamen Skalierung der Anisotropien aber bis zu beliebig hohen Werten von Δ beziehungsweise D/J fort.
Die Tabelle 3.1 fasst die klassischen Phasen und ihre Ordnungsparameter zusammen. Gegenübergestellt sind ihnen die Phasen des quantenmechanischen Modells, die im nächsten Abschnitt eingeführt werden.

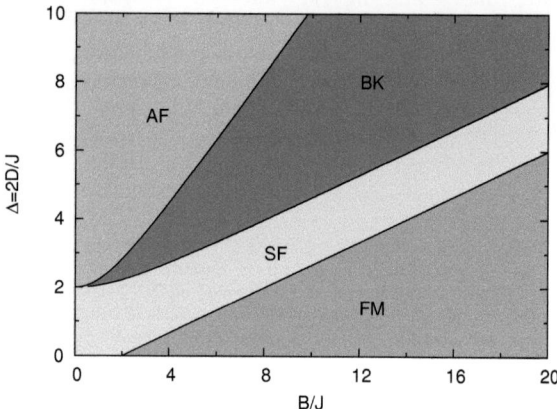

Abbildung 3.5.: Grundzustandsphasendiagramm in der $(B/J, \Delta)$-Ebene für die klassische Spinkette mit einem festen Verhältnis $J\Delta/D = 2$. (Farbige Abbildung online)

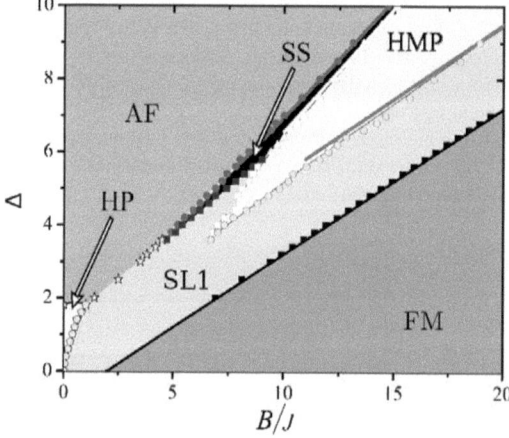

Abbildung 3.6.: Das Grundzustandsphasendiagramm für die $S = 1$-Spinkette mit $J\Delta/D = 2$ [24]. (Farbige Abbildung online)

3.2 Quantenvariante mit Spin $S = 1$

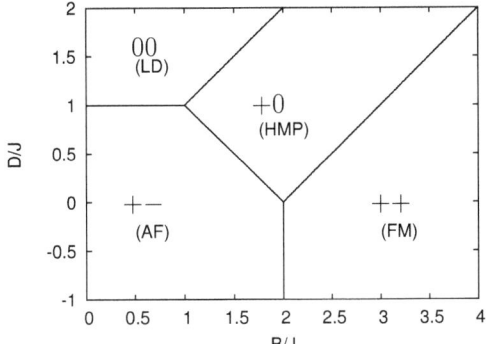

Abbildung 3.7.: Das Grundzustandsphasendiagramm für das eindimensionale Blume-Capel-Modell (3.4). Für die Strukturen sind die Spinkonfigurationen in einer Einheitszelle gezeigt.

3.2. Quantenvariante mit Spin $S = 1$

Die soeben diskutierten Phasendiagramme für das klassische Modell ähneln offenbar den quantenmechanischen, $S = 1$, Phasendiagrammen. In der Abbildung 3.3 sieht man das Phasendiagramm mit der Wahl $\Delta = 5$. Für niedrige beziehungsweise hohe Felder sind in großen Bereichen in der $(D/J, B/J)$-Ebene wiederum die antiferromagnetische und die ferromagnetische Phase stabil. Die dazwischenliegende Spin-Flop-Phase wird durch die Spinflüssigkeitsphase ersetzt. Die Supersolid-Phase als Gegenpart zur bikonischen Phase tritt auf, ist aber auf einen sehr engen Bereich reduziert. Offenbar wird der fragile Zusammenhang zwischen den Winkeln, θ_A und θ_B, auf den beiden Untergittern durch Quantenfluktuationen empfindlich gestört und der Stabilitätsbereich der Supersolid-Phase erheblich eingeschränkt. In Abbildung 3.3 sieht es darüberhinaus so aus, als ende die Supersolid-Phase bei $D/J \approx 1$. Wie im Zusammenhang mit dem Phasendiagramm in der $(m, D/J)$-Ebene auf S. 50 noch diskutiert wird, reicht die Supersolid-Phase jedoch möglicherweise noch fast bis $D/J \approx 0$ hinab. Wichtige Unterschiede zwischen der klassischen und der Quanten-Situation bestehen in der Existenz neuer Phasen, die in der klassischen Variante nicht auftreten. Eine dieser Phasen ist die HMP-Phase. Eine weitere, die LD-Phase, schließt sich für große D/J an die antiferromagnetische Phase an. Zu beiden Phasen gibt es ein Analogon im klassischen antiferromagnetischen Blume-Capel-Modell [56,57], das der Hamiltonfunktion

$$\mathcal{H} = J \sum_{\langle ij \rangle} S_i^z S_j^z + D \sum_i (S_i^z)^2 - B \sum_i S_i^z \qquad (3.4)$$

entspricht, wobei die Spinvariablen S_i^z die Werte $0, \pm 1$ annehmen können. Das Grundzustandsphasendiagramm dieses Modells lässt sich problemlos bestimmen [58,59]. Die vier Phasen, die in Abbildung 3.7, zu sehen sind, lassen sich über die Orientierung benachbarter Spins charakterisieren. Bei den bekannten ferro- und antiferromagnetischen Strukturen sind aufeinanderfolgende Spins jeweils parallel, $S_i^z = +1, S_{i+1}^z = +1$, oder antiparallel, $S_i^z = +1, S_{i+1}^z = -1$, orientiert. In der mit „LD" bezeichneten Region nehmen alle Spinvariablen den Wert 0 an, sie stellt das klassische Analogon zur quantenmechanischen LD-Phase dar. Der Grundzustand in der mit „HMP" gekennzeichneten Phase besteht in einer Wiederholung der Spinorientierungen $S_i^z = +1, S_{i+1}^z = 0$. Diese Struktur findet sich auch in der quantenmechanischen HMP-Phase wieder. Die Existenz beider Phasen lässt sich also über die Diskretisierung der Spinwerte verstehen, die in dem Blume-Capel-Modell vorliegt, da ähnliche Phasen nicht bei den Grundzuständen des klassischen Heisenbergmodells (3.1) auftreten.

In dem Bereich negativer D/J zeigt sich eine weitere Differenz zwischen den Phasendiagrammen für die Quanten- und die klassische Variante. Hier tritt zwischen AF und FM-Phase eine von Tonegawa *et al.* [23] untersuchte Spinflüssigkeitsphase auf, die bereits als SL2-Phase bezeichnet wurde. Sie lässt sich über die transversale Korrelationsfunktion von der SL1-Phase unterscheiden, wie dies im nächsten Kapitel gezeigt werden wird. In der Abbildung 3.3 ist ein störungstheoretisches Ergebnis für $D \ll 0$ eingetragen, siehe Anhang A. Dies zeigt, dass diese schmale Zwischenphase für beliebig negative D existiert. Anders als in der klassischen Variante gibt es keinen direkten Übergang zwischen antiferromagnetischer und ferromagnetischer Phase.

Das Phasendiagramm für die zweite Parameterwahl $J\Delta/D = 2$, siehe Abb. 3.6, ursprünglich ermittelt von Sengupta und Batista [24] und hier quantitativ bestätigt durch DMRG-Rechnungen [51], zeigt erneut deutliche Ähnlichkeiten mit dem klassischen Äquivalent. Auffallende Unterschiede sind erneut, dass die Ausdehnung der Supersolid-Phase stark reduziert ist im Vergleich zu der bikonischen Phase im klassischen Modell und für höhere Anisotropien die HMP-Phase über ein ausgedehntes Gebiet stabil ist.

Die einzige in diesem Phasendiagramm auftretende Phase, die bisher noch nicht erwähnt wurde, ist die Haldane-Phase (HP), welche in der Nähe des isotropen Punktes ($\Delta \approx 1, D/J \approx 0$) auftritt. Sie besitzt keine antiferromagnetische Ordnung und zeichnet sich durch einen Stringordnungsparameter aus [19, 20, 60].

4. Detaillierte Beschreibung der Phasen der anisotropen $S = 1$-Kette

Im vorigen Kapitel wurden Grundzustandsphasendiagramme zu den anisotropen $S = 1$-Spinketten diskutiert. Der zugrunde liegende Hamiltonoperator war das XXZ-Modell mit Ein-Ionen-Anisotropie D im Feld, Gleichung (3.1). Mehrere Phasen, die in diesem Modell auftreten können, ließen sich dabei in Analogie mit Phasen des analogen klassischen Modells erschließen und vorläufig charakterisieren. In diesem Kapitel sollen nun die Phasen des quantenmechanischen Modells genauer analysiert werden. Dazu werden die in Kapitel 2 beschriebenen Methoden benutzt.

4.1. Phasenbestimmung und Überblick

Während die Bestimmung des klassischen Phasendiagrammes analytisch möglich ist, muss man bei der Berechnung der zuvor gezeigten Phasendiagramme auf die in Kapitel 2 beschriebenen numerischen Methoden zurückgreifen, insbesondere die DMRG. Drei Größen, mit denen sich die Phasen identifizieren lassen, sind in dieser Arbeit hauptsächlich verwendet worden:

1. die Gesamtmagnetisierung $m(B/J)$ als Funktion des Feldes,

2. die Magnetisierungsprofile $\langle S_i^z \rangle$ und

3. die Korrelationsfunktionen $(\langle S_0^z S_r^z \rangle, \langle S_0^+ S_r^- \rangle, \langle (S_0^+)^2 (S_r^-)^2 \rangle)$.

Nach der Beschreibung dieser drei Kriterien folgt ein Überblick über die Phasen und deren Eigenschaften, wie sie in diesem Kapitel erarbeitet werden.
Schon über die Gesamtmagnetisierung als Funktion des Feldes $m(B/J) = \langle \sum_i S_i^z \rangle / L$ lassen sich einige Phasengrenzen ablesen. Ferner ist die Kenntnis dieser Funktion wichtig, um zwischen der Magnetisierung m und dem Feld B/J umrechnen zu können. Weil die Magnetisierung m eine Erhaltungsgröße ist, lässt sich bei der DMRG wie auch bei der iDMRG folgendes Verfahren anwenden: Man bestimme für vorgegebene Magnetisierungen m_k die Grundzustandsenergie pro Gitterplatz $\epsilon_0(\Delta, D/J, m_k)$ für das Modell 3.1 *ohne* den Feldterm $-B \sum_i S_i^z$, wobei der Index k die diskreten Werte von m nummeriere. Um bei gegebenem Feld B/J nun die Magnetisierung m des Grundzustandes zu ermitteln, muss lediglich dasjenige der m_k gefunden werden,

38 Kapitel 4. Detaillierte Beschreibung der Phasen der anisotropen $S = 1$-Kette

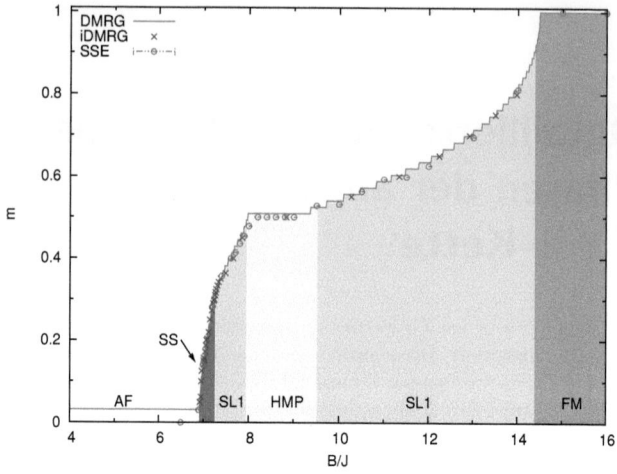

Abbildung 4.1.: $\Delta = 5, D/J = 2.5$. Benutzt wurden DMRG mit endlicher Systemlänge $L = 63$ und iDMRG mit $M = 150$, sowie Quanten-Monte-Carlo Simulationen (stochastische Reihenentwicklung) für $L = 32, k_B T/J = 0.03$. (Farbige Abbildung online)

das die Funktion $\epsilon_0(\Delta, D/J, m_k) - B m_k$ minimiert. Daraus folgt die gesuchte Funktion $m(B/J)$. Eine andere Möglichkeit besteht darin das magnetische Feld aus der Ableitung der Grundzustandenergie pro Gitterplatz nach der Magnetisierung zu berechnen:

$$B = \frac{\partial \epsilon_0(\Delta, D/J, m)}{\partial m},$$

wobei sich die Ableitung über Differenzen näherungsweise berechnen lässt.
In Abb. 4.1 sieht man die Magnetisierungskurve, wie sie sich mit den verschiedenen Methoden ergibt. Die Daten der DMRG für das endliche System wurden mit Hilfe der Minimierung von $\epsilon_0(\Delta, D/J, m_k) - B m_k$ bestimmt, während die iDMRG-Daten über die Ableitungsformel ausgewertet wurden. Für ausgewählte Werte des magnetischen Feldes wurde außerdem die Magnetisierung mit der stochastischen Reihenentwicklung ermittelt, um so mit den anderen Methoden zu vergleichen. Es zeigt sich eine gute Übereinstimmung der Methoden.
Man kann deutlich die Unstetigkeitsstellen in der Ableitung der Magnetisierungskurve $m(B/J)$ erkennen, an denen eine Phase beginnt oder endet. So lässt sich beispielsweise das Ende der antiferromagnetischen Phase oder der Beginn der ferromagnetischen Phase ablesen, sowie deutlich die Grenzen der HMP-Phase erkennen.
Die einzige Phasengrenze, die sich aus der Magnetisierungskurve 4.1 nicht sofort ablesen lässt, ist jene zwischen der Supersolid-Phase und der Spinflüssigkeitsphase. Hier kann analog zu der Unterscheidung der Phasen im klassischen Modell vorgegangen werden. Im Gegensatz zu der Spinflüssigkeitsphase weist die Supersolid-Phase eine

4.1 Phasenbestimmung und Überblick

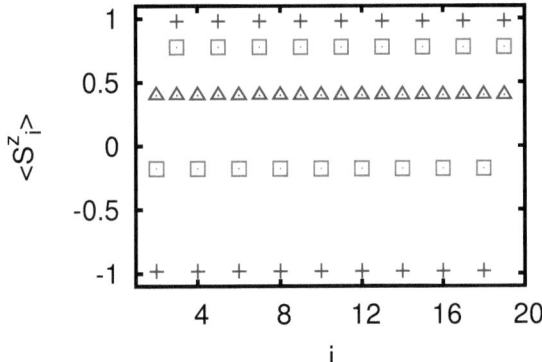

Abbildung 4.2.: $\Delta = 5, D/J = 2.5$. Ausschnitt aus dem Magnetisierungsprofil bestimmt mit Hilfe der iDMRG ($M = 150$). Die dargestellten Profile entsprechen magnetischen Feldern von $B/J = 6.9$ (AF, Kreuz) bis zu $B = 7.7$ (SL1, Dreieck). Man erkennt deutlich die Untergitterstruktur der AF- und SS-Phasen (Quadrat), die in der SL1-Phase verschwindet.

nicht-verschwindende alternierende Magnetisierung auf, vgl. Abbildung 3.4 für das klassische Modell. Die endliche alternierende Magnetiserierung zeigt sich sehr gut in den Magnetisierungsprofilen, in denen sich auch in der Quanten-Variante zwei Untergitter ausbilden, s. Abbildung 4.2.
Im Folgenden soll ein Überblick gegeben werden, über die genaue Beschreibung der Phasen, wie sie in den nächsten Abschnitten erarbeitet wird. Grundsätzlich lassen sich die Phasen in zwei Gruppen einteilen: die massiven und die kritischen Phasen. Ein Überblick über die *massiven* Phasen wurde im vorigen Kapitel ausgehend von Analogien zu korrespondierenden klassischen Spinketten gegeben. Ergänzend hierzu ist in Tabelle 4.1 auch das asymptotische Verhalten der Korrelationsfunktionen angegeben, das in dieser Arbeit numerisch überprüft werden wird.
In den *kritischen* Phasen fallen die Korrelationsfunktionen im Allgemeinen algebraisch ab. Für diese Phasen existieren bereits eine Reihe von Untersuchungen. So wurde von Sengupta und Batista [24] die Existenz der Supersolid-Phase nachgewiesen. Sengupta und Batista machten ebenfalls eine Voraussage für die asymptotische Form der Korrelationsfunktionen in dieser Phase.
Zu den Spinflüssigkeitsphasen, in denen die alternierende Magnetisierung null ist, sind Arbeiten von Sakai, Tonegawa und Okunishi zu nennen [23, 61]. Diese zeigten, einer Arbeit von Schulz [17] folgend, dass sich anhand der transversalen Korrelationsfunktion $\langle S_0^+ S_r^- \rangle$ zwei Varianten der Spinflüssigkeitsphase, SL1 und SL2, unterscheiden lassen. In der mit SL2 bezeichneten Variante fällt die transversale Korrelationsfunkion exponentiell ab, während sie in der SL1-Phase algebraisch mit dem Abstand abnimmt. Auch über der longitudinalen Korrelationsfunkion sollen sich die beiden Phasen unterscheiden lassen. In beiden Phasen sollen inkommensurable Modulatio-

Kapitel 4. Detaillierte Beschreibung der Phasen der anisotropen $S=1$-Kette

	m	m_{st}	
AF	0	$\neq 0$	$\left.\begin{array}{l}\langle S_0^z S_r^z\rangle, \langle S_0^+ S_r^-\rangle, \\ \langle (S_0^+)^2(S_r^-)^2\rangle \text{ exponentiell}\end{array}\right\}$
LD	0	0	
HMP	$\frac{1}{2}$	$\neq 0$	
FM	1	0	$\left.\begin{array}{l}\langle S_0^z S_r^z\rangle = 1, \langle S_0^+ S_r^-\rangle = 0 \\ \langle (S_0^+)^2(S_r^-)^2\rangle = 0, \forall r > 0\end{array}\right\}$

Tabelle 4.1.: Übersicht zu Magnetisierung und Korrelationsfunktionen in massiven Phasen.

nen auftreten mit unterschiedlichen charakteristischen Wellenzahlen: $q = 2\pi(1-m)$ in SL1 und $q = \pi(1-m)$ in SL2 [23,61]. Ein weiterer Unterschied lässt sich bei dem Magnetisierungsverhalten in endlichen Systemen der Länge L beobachten. Während sich in der SL1-Phase bei der Erhöhung des Feldes die Magnetisierung in Schritten von $\Delta M = m \cdot L = 1$ erhöht, findet die Magnetisierung in der SL2-Phase in Zweischritten $\Delta M = 2$ statt. Innerhalb dieser beiden unterschiedlichen Spinflüssigkeitsphasen lassen sich durch die Bestimmung der dominanten Beiträge zu den Korrelationsfunktionen weitere Differenzierungen vornehmen. Für die SL1-Phase wird so in dieser Arbeit vorgeschlagen, anhand der dominanten Beiträge zur longitudinalen Korrelationsfunktion zwischen kommensurabler und inkommensurabler Ausprägung dieser Phase zu unterscheiden [62].
Untersuchungen zu bilinear-biquadratischen $S=1$-Spinketten im Feld,

$$\mathcal{H} = J\sum_i \left[\cos\theta \vec{S}_i \cdot \vec{S}_{i+1} + \sin\theta(\vec{S}_i \cdot \vec{S}_{i+1})^2\right] - B\sum_i S_i^z, \qquad (4.1)$$

wobei die Komponenten der Vektoren $\vec{S}_i$ die S_i^x, S_i^y und S_i^z-Operatoren sind, wiesen Phasen mit ferroquadrupolarer Ordnung nach [63,64]. Manmana et al. [64] verwendeten dabei folgende Definition: Eine ferroquadrupolare Ordnung liegt vor, wenn die Korrelationsfunktion $\langle (S_0^+)^2(S_r^-)^2\rangle$ dominant ist, beziehungsweise am langsamsten zerfällt. In der SL2-Phase konnte ein Bereich gefunden werden, in dem diese Ordnung ebenfalls vorliegt. In den Tabellen 4.1 und 4.2 sind diese Eigenschaften der verschiedenen Phasen der Spinkette, (3.1), zusammengefasst.

4.1 Phasenbestimmung und Überblick

(a) Supersolid; $m_{\text{st}} \neq 0, \rho_s \neq 0$

$\langle S_0^+ S_r^- \rangle \sim (-1)^r r^{-\eta_{xy}}$
$\langle S_0^z S_r^z \rangle - \langle S_0^z \rangle \langle S_r^z \rangle \sim (-1)^r [1/r^2 + \cos(qr) r^{-\eta_z}]$
$\langle (S_0^+)^2 (S_r^-)^2 \rangle \sim r^{-\eta'_{xy}}$

Magnetisierungsschritte $\Delta M = 1$
Exponentenrelation: $4/(\eta_{xy} \eta'_{xy}) = 1$

(b) Spinflüssigkeitsphase; $m_{\text{st}} = 0, \rho_s \neq 0$

	SL1	SL2
(i) IC:	$\langle S_0^+ S_r^- \rangle \sim (-1)^r r^{-\eta_{xy}}$	$\langle S_0^+ S_r^- \rangle \sim (-1)^r e^{-r/\xi}$
$\eta_z < 2$	$\langle S_0^z S_r^z \rangle - m^2 \sim \cos(qr) r^{-\eta_z} + 1/r^2$	$\langle S_0^z S_r^z \rangle - m^2 \sim \cos(qr) r^{-\eta_z} + 1/r^2$
	$\langle (S_0^+)^2 (S_r^-)^2 \rangle \sim r^{-\eta'_{xy}}$	$\langle (S_0^+)^2 (S_r^-)^2 \rangle \sim r^{-\eta'_{xy}}$
(ii) C:	$\langle S_0^+ S_r^- \rangle \sim (-1)^r r^{-\eta_{xy}}$	
$\eta_z > 2$	$\langle S_0^z S_r^z \rangle - m^2 \sim \cos(qr) r^{-\eta_z} + 1/r^2$	fq SDW
	$\langle (S_0^+)^2 (S_r^-)^2 \rangle \sim r^{-\eta'_{xy}}$	$\eta'_{xy} < \eta_z \quad \eta'_{xy} > \eta_z$

Magnetisierungsschritte $\Delta M = 1$ Magnetisierungsschritte $\Delta M = 2$
Exponentenrelationen   Exponentenrelation $\eta_z \eta'_{xy} = 1$
$\eta_{xy} \eta_z = 1, \quad 4\eta_{xy}/\eta'_{xy} = 1$

Tabelle 4.2.: Übersicht über die Charakteristika der kritischen Phasen basierend auf theoretischen Vorhersagen [17, 24, 61, 65–67]. Für die Korrelationsfunktionen sind die asymptotisch dominanten Terme angegeben. Die Wellenzahl q in der SS- wie in der SL1-Phase ist $q = 2\pi(1 - m)$, während sie in der SL2-Phase $q = \pi(1 - m)$ beträgt. Die Magnetisierungsschritte beziehen sich auf das Magnetisierungsverhalten in endlichen Systemen. „fq" steht für eine ferroquadrupolare Ordnung und „SDW" für Spin-Dichte-Welle.

Kapitel 4. Detaillierte Beschreibung der Phasen der anisotropen $S = 1$-Kette

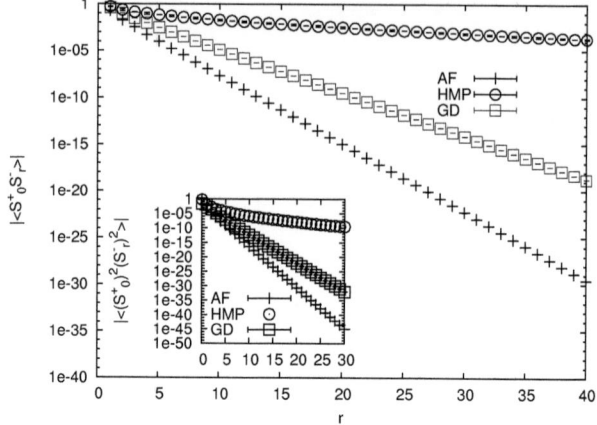

Abbildung 4.3.: $\Delta = 5$. Transversale Korrelationsfunktionen in der AF-Phase ($D/J = 2, m = 0$), in der HMP-Phase ($D/J = 2, m = 1/2$) und in der LD-Phase ($D/J = 7, m = 0$). Gezeigt sind iDMRG-Daten mit $M = 150$.

4.2. Die massiven Phasen

In den massiven Phasen weist das Spektrum der Anregungsenergien eine Lücke zum Grundzustand auf. Nach einem Theorem von Hastings [68] erwartet man in allen diesen Phasen exponentiell abfallende Korrelationsfunktionen. Diese Energielücke führt auch dazu, dass sich die Eigenschaften der Phase nicht ändern, wenn man ein zusätzliches magnetisches Feld anlegt, welches kleiner als die Energielücke ist. Insbesondere bleibt so die Magnetisierung über einen gewissen Feldbereich konstant. Für diese Gebiete konstanter Magnetisierung oder Plateaus sind im betrachteten Modell drei Magnetisierungen möglich: $m = 0, m = 1/2$ oder $m = 1$, vgl. [69].
Für die Magnetisierung $m = 0$ existieren drei solcher Phasen: Die antiferromagnetische, die large-D- und die Haldane-Phase. Der Magnetisierung $m = 1/2$ ist die HMP-Phase zugeordnet. Zu der Sättigungsmagnetisierung $m = 1$ korrespondiert die ferromagnetische Phase.

4.2.1. Antiferromagnetische Phase

Zur Beschreibung der Zustände einer endlichen Spinkette der Länge L verwende ich, wie in Kapitel 2.1, die Basis der Produktzustände $|\sigma_1 \ldots \sigma_L\rangle = |\sigma_1\rangle \otimes \cdots \otimes |\sigma_L\rangle$, wobei die σ_i die Eigenzustände zum S_i^z-Operator sind. Die Zustände $\sigma_i = -1, 0, 1$ werde ich auch mit $\sigma_i = \downarrow, 0, \uparrow$ bezeichnen.
Die klassischen, antiferromagnetischen Grundzustände, auch Néel-Zustände genannt, sind $|\uparrow\downarrow\uparrow\ldots\rangle = |1,-1,1\ldots\rangle$ und $|\downarrow\uparrow\downarrow\ldots\rangle = |-1,1,-1\ldots\rangle$. Eine einfache Überlagerung dieser beiden Zustände wäre der Grundzustand des Systems im Ising-

4.2 Die massiven Phasen

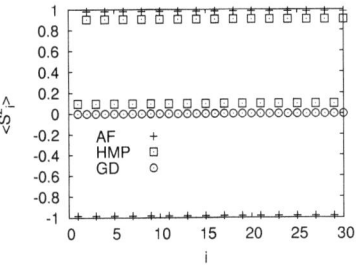

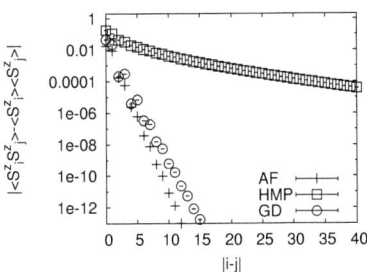

Abbildung 4.4.: Profile in der AF-Phase $(D/J = 2, m = 0)$, HMP-Phase, $(D/J = 6, m = 1/2)$ und in der LD-Phase $(D/J = 7, m = 0)$; iDMRG-Daten mit $M = 150$ bei $\Delta = 5$.

Abbildung 4.5.: Longitudinale Korrelationsfunktionen in der AF-Phase $(D/J = 2, m = 0)$, der HMP-Phase $(D/J = 2, m = 1/2)$ und in der LD-Phase $(D/J = 7, m = 0)$; iDMRG-Daten mit $M = 150$ bei $\Delta = 5$.

Limes $\Delta \to \infty$. In diesem Grenzfall ließe sich das System mit klassischen Spins in den Zuständen $\sigma_i = -1, 0, 1$ beschreiben. (3.1) geht dann über in das Blume-Capel-Modell [56, 57]. Es ist wohlbekannt, dass die Quantenfluktuationen im antiferromagnetischen Grundzustand für eine (leichte) Reduktion der Untergittermagnetisierungen sorgen [70]. In dem Magnetisierungsprofil, Abbildung 4.4, kann man diese Reduktion der Untergittermagnetisierungen beobachten. Die Eigenschaften der AF-Phase sind allgemein bekannt, s. z.B. [71], daher werden hier nur einige wichtige Aspekte bestätigt.

Zunächst wurden dazu mit Hilfe der exakten Diagonalisierung die Grundzustände für Ketten der Länge $L = 10$ bestimmt. In der Tabelle 4.3 sind die Betragsquadrate der Entwicklungskoeffizienten für die wichtigsten Zustände gezeigt. Man sieht, dass für den AF-Zustand die beiden Néel-Zustände schon etwas mehr als 90% des Gesamtzustandes ausmachen. Die nächstwichtigen Zustände, die beitragen, sind Zustände, bei denen zwei benachbarte ↓ und ↑ in zwei 0-Zustände umgewandelt werden. Auch Zustände, bei denen weitere Paare ↓↑ durch 0-Zustände ersetzt werden oder die 0-Zustände weiter voneinander entfernt sind, treten auf. Ihr Gewicht ist jedoch schon sehr gering.

Für die klassischen Zustände wäre die transversale Korrelationsfunkion $\langle S_0^+ S_r^- \rangle$ strikt null für $r > 0$. Die zusätzlich beitragenden Zustände führen jedoch dazu, dass die $\langle S_0^+ S_r^- \rangle \sim (-1)^r e^{-r/\xi}$ exponentiell mit dem Abstand r abfällt, s. Abb. 4.3. Bei der longitudinalen Korrelationsfunktion $\langle S_i^z S_j^z \rangle$ ist zu beachten, dass wegen der Untergitterstruktur das Produkt $\langle S_i^z \rangle \langle S_j^z \rangle$ keinen konstanten Beitrag m^2 zur Korrelationsfunktion liefert, sondern von i und j abhängt. Daher sollte dieser Anteil von der Korrelationsfunkion abgezogen werden. Die so korrigierte Korrelationsfunktion $\langle S_i^z S_j^z \rangle - \langle S_i^z \rangle \langle S_j^z \rangle$ fällt in allen massiven Phasen exponentiell ab, s. Abbildung 4.5.

44   Kapitel 4. Detaillierte Beschreibung der Phasen der anisotropen $S = 1$-Kette

Antiferro		large-D		HMP	
Gewicht	Zustand	Gewicht	Zustand	Gewicht	Zustand
0.450992	$\|\uparrow\downarrow\uparrow\downarrow\uparrow\downarrow\uparrow\downarrow\rangle$	0.796317	$\|0000000000\rangle$	0.255878	$\|\uparrow 0 \uparrow 0 \uparrow 0 \uparrow 0\rangle$
0.004588	$\|\uparrow\downarrow 00 \downarrow\uparrow\downarrow\uparrow\downarrow\uparrow\rangle$	0.00914766	$\|00000 \uparrow\downarrow 000\rangle$	0.0136708	$\|00 \uparrow 0 \uparrow 0 \uparrow 0 \uparrow\uparrow\rangle$
8.44488e-05	$\|\downarrow\uparrow\downarrow\uparrow\downarrow 0000 \uparrow\rangle$	0.000199609	$\|0 \uparrow\downarrow\uparrow\downarrow 00000\rangle$	0.00445651	$\|0 \uparrow 00 \uparrow 0 \uparrow 0 \uparrow\uparrow\rangle$
8.24678e-05	$\|0 \downarrow\uparrow\downarrow\uparrow\downarrow\uparrow\downarrow 0 \uparrow\rangle$	0.000176708	$\|000 \downarrow 0 \uparrow 0000\rangle$	0.00205426	$\|\downarrow\uparrow\uparrow 0 \uparrow 0 \uparrow 0 \uparrow\uparrow\rangle$
4.68491e-05	$\|00 \downarrow\uparrow\downarrow\uparrow\downarrow 00 \uparrow\rangle$	0.000106062	$\|000 \downarrow\uparrow 0 \downarrow\uparrow 00\rangle$	0.00113061	$\|00 \uparrow\uparrow 00 \uparrow 0 \uparrow\uparrow\rangle$
4.67756e-05	$\|\downarrow\uparrow\downarrow 00 \uparrow\downarrow 00 \uparrow\rangle$	0.000105472	$\|0 \downarrow\uparrow 000 \downarrow\uparrow 000\rangle$	0.000746203	$\|000 \uparrow\uparrow 0 \uparrow 0 \uparrow\uparrow\rangle$
4.66867e-05	$\|\downarrow\uparrow 00 \downarrow\uparrow 00 \uparrow\rangle$	0.000105144	$\|0 \downarrow\uparrow 000 \downarrow\uparrow 00\rangle$	0.000691481	$\|\downarrow\uparrow 0 \uparrow\uparrow 0 \uparrow 0 \uparrow\uparrow\rangle$
1.13216e-05	$\|\downarrow\downarrow\uparrow\downarrow\uparrow\downarrow\uparrow\uparrow\rangle$	0.000105047	$\|0 \uparrow\downarrow 000 \downarrow\uparrow 00\rangle$	0.000607713	$\|00 \uparrow 0 \uparrow 00 \uparrow\uparrow\uparrow\rangle$
3.36927e-06	$\|\downarrow\uparrow\downarrow\uparrow\downarrow 0 \uparrow\downarrow 0 \uparrow\rangle$	0.000104798	$\|\uparrow\downarrow 00 \downarrow\uparrow 0000\rangle$	0.000476034	$\|\downarrow\uparrow 0 \uparrow 0 \uparrow\uparrow 0 \uparrow\uparrow\rangle$
1.67849e-06	$\|\downarrow\uparrow\downarrow 000000 \uparrow\rangle$	0.000103968	$\|000 \uparrow\downarrow 0 \downarrow\uparrow 00\rangle$	0.000214652	$\|000 \uparrow 0 \uparrow\uparrow 0 \uparrow\uparrow\rangle$

Tabelle 4.3.: Grundzustände einer Kette mit $L = 10$ Spins, $\Delta = 5$, für $D/J = 2.5$ (AF,HMP) bzw. $D/J = 7$ (LD) und periodischen Randbedingungen berechnet mit Hilfe exakter Diagonalisierung. Gezeigt sind die Betragsquadrate der Entwicklungskoeffizienten der dominanten Zustände. Aufgrund der periodischen Randbedingung sind zu jedem Zustand dessen zyklische Vertauschungen mit demselben Koeffizienten hinzuzuzählen.

4.2.2. Large-D- oder Singulett-Phase

Für sehr große Werte von D dominiert der Ein-Ionen-Term und lässt im Wesentlichen nur die $S_i^z = 0$ Zustände zu. Der Zustand $|0,0,0\ldots\rangle$, in dem sich alle Spins im Zustand 0 befinden, wird auch als Singulettzustand bezeichnet. Die Quantenfluktuationen führen hier, wie bei dem antiferromagnetischen Grundzustand dazu, dass dieser Singulettzustand streng genommen kein Eigenzustand des Hamiltonoperators sein kann. Es müssen also Zustände mit geringerem Gewicht auftreten, bei denen einzelne Paare von 0 Zuständen durch -1 und 1 ersetzt werden. Die Beimischung solcher Zustände ist jedoch so gering, dass die Korrelationsfunktionen $\langle S_0^+ S_r^- \rangle$ und $\langle (S_0^+)^2 (S_r^-)^2 \rangle$ exponentiell abfallen, vgl. Abb 4.3. Die zu diesem Grundzustand gehörige Phase wird auch als large-D- oder Singulett-Phase bezeichnet (LD).
Im Gegensatz zu der antiferromagnetischen Phase ist die alternierende Magnetisierung in der LD-Phase exakt null, siehe Abbildung 4.4.

4.2.3. Phase mit Magnetisierungsplateau bei $m = 1/2$

Bei halber Magnetisierung $m = 1/2$ ist für hinreichend große D/J eine Phase stabil, die der antiferromagnetischen Phase sehr ähnelt. Statt der beiden antiferromagnetischen Zustände $|\uparrow\downarrow\uparrow\downarrow\ldots\rangle$ und $|\downarrow\uparrow\downarrow\uparrow\ldots\rangle$ liefern hier jedoch wegen $m = 1/2$ die Zustände $|1,0,1,0\ldots\rangle$ und $|0,1,0,1\ldots\rangle$ den wesentlichen Beitrag zur Wellenfunktion. Durch die Quantenfluktuationen tragen jedoch auch Zustände bei, in denen einzelne der 0 und 1 Zustände mit ihrem Nachbarn tauschen, vgl. Tabelle 4.3. Die Beimischung dieser Zustände führt wieder zu einer Reduktion der Magnetisierung auf den Untergittern, vgl. Abb. 4.4, so dass die alternierende Magnetisierung m_{st} etwas kleiner ist als $1/2$, den Wert, den die beiden Zustände $|1,0,1,0\ldots\rangle$ und $|0,1,0,1\ldots\rangle$ aufweisen. Die Korrelationsfunktionen $\langle S_0^+ S_r^- \rangle$, $\langle S_0^z S_r^z \rangle$ und $\langle (S_0^+)^2 (S_r^-)^2 \rangle$ zerfallen ebenfalls exponentiell, wie in den anderen massiven Phasen, s. Abb. 4.3.

4.2.4. Ferromagnetische Phase

In der ferromagnetischen Phase sind, wie bekannt, alle Spins vollständig in Feldrichtung ausgerichtet: $|1,1,1\ldots\rangle$. Für die Sättigungsmagnetisierung gibt es nur diesen einen Zustand. Da die Magnetisierung eine Erhaltungsgröße des Hamiltonoperators ist, muss dieser Zustand ein Eigenzustand sein. Dies lässt sich auch leicht überprüfen, indem man den Hamiltonoperator auf den Zustand anwendet. Dabei sieht man, dass der transversale Anteil des Austauschs keinen Beitrag geben kann; die Quantenfluktuationen spielen also keine Rolle und der Grundzustand entspricht dem des klassischen Modells. Dementsprechend verhalten sich auch die Korrelationsfunktionen wie die des klassischen Ferromagnete, $\langle S_0^z S_r^z \rangle = 1 \ \forall \ r$ und $\langle S_0^+ S_r^- \rangle = 0 \ \forall \ r > 0$. Diese Charakterisierung der FM-Phase wird in der DMRG-Rechnung bestätigt.

4.3. Die kritischen Phasen

Aus der Theorie der Phasenübergänge ist bekannt, dass am kritischen Punkt die Korrelationslänge divergiert und charakteristische Korrelationsfunkionen algebraisch zerfallen. Tritt ein solches Verhalten statt nur an einem Punkt in einem ausgedehnten Parameterbereich auf (z.b. für $T < T_c$ im klassischen XY-Modell auf einem Quadratgitter), so spricht man von einer kritischen Phase. Solche kritischen Phasen findet man oft in eindimensionalen Spinketten [18]. Konzeptionell lassen sich die besonderen Eigenschaften dieser Phasen, wie z.b. eben jenem algebraische Zerfall der Korrelationsfunktionen, mit dem Tomonaga-Luttinger-Modell oder Erweiterungen beschreiben [18]. Diese Modelle stellen dabei eine effektive Feldtheorie für das ursprüngliche mikroskopische Modell auf einem diskreten Gitter dar. Die Methode der Bosonisierung [72] gibt dabei die notwendigen Übersetzungsvorschriften, um für das gegebene mikroskopische Modell die korrekte Form der effektiven Feldtheorie zu gewinnen. Für $S = 1$-Spinketten lässt sich das Verfahren von Luther und Scalapino [73] verwenden, nach dem das Spin-1-Problem abgebildet wird auf gekoppelte $S = 1/2$-Ketten. Timonen und Luther [74], sowie Schulz [17] bestimmten so das Phasendiagramm und das asymptotische Verhalten von Korrelationsfunktionen des Modells (3.1) für $B/J = 0$. Spätere Arbeiten [65–67, 75] gaben die asymptotische Form der Korrelationsfunktionen auch für $B/J \neq 0$ an. Solche die Spinflüssigkeitsphasen betreffenden Voraussagen wurden beispielsweise in [23,61] mit DMRG-Rechnungen untersucht. Für die Supersolid-Phase wurde das asymptotische Verhalten der Korrelationsfunktionen von Sengupta und Batista [24] angegeben. Im Weiteren sollen insbesondere diese Vorhersagen numerisch überprüft werden.

Im Rahmen dieser Untersuchungen zu den Korrelationsfunktionen wird ein von Tonegawa et al. [23] aufgestelltes Phasendiagramm korrigiert und ergänzt [62]. Tonegawa et al. [23] bestimmten mit Hilfe von DMRG-Rechnungen das Grundzustandsphasendiagramm für $\Delta = 5$, wie es Abbildung 4.6 zeigt. Die mit „C" gekennzeichnete Phase entspricht der SL1-Phase. Wie die Abkürzung andeutet wurde sie als kommensurabel identifiziert. Der „IC"-Bereich ist die SL2-Phase, die somit als inkommensurabel bestimmt wurde. Der zentrale, mit „J" gekennzeichnete, Bereich zwischen $D = -2 \ldots 1$ entspricht einer verbotenen Region.

Auf Grund der neuen Rechnungen ergeben sich drei wesentliche Ergänzungen, s. Abbildung 4.7:

1. Die SL1-Phase wird in einen kommensurable und inkommensurable Region geteilt.

2. In der SL2-Phase wird eine Differenzierung in zwei Varianten dieser Phase vorgenommen.

3. Zudem muss eine zusätzliche Phasengrenze eingezeichnet werden, die die Supersolid-Phase von der Spinflüssikgeitsphase abtrennt.

Neben der detaillierteren Beschreibung der einzelnen Phasen werden so im Folgenden auch diese drei Ergänzungen genauer erläutert werden.

4.3 Die kritischen Phasen　　　　　　　　　　　　　　　　　　　　　　　　47

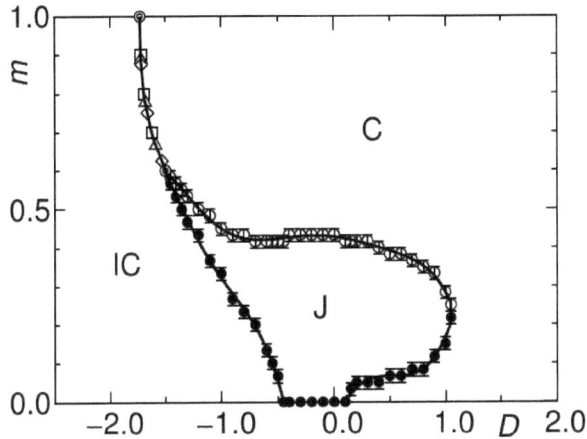

Abbildung 4.6.: Phasendiagramm für $\Delta = 5$ in der Publikation von Tonegawa *et al.* [23]. Die Region „C" wurde als kommensurable Spinflüssigkeitsphase „IC" als inkommensurable Spinflüssigkeitsphase identifiziert. „J" kennzeichnet eine verbotene Region (Sprungbereich der Magnetisierung, engl. „Jump").

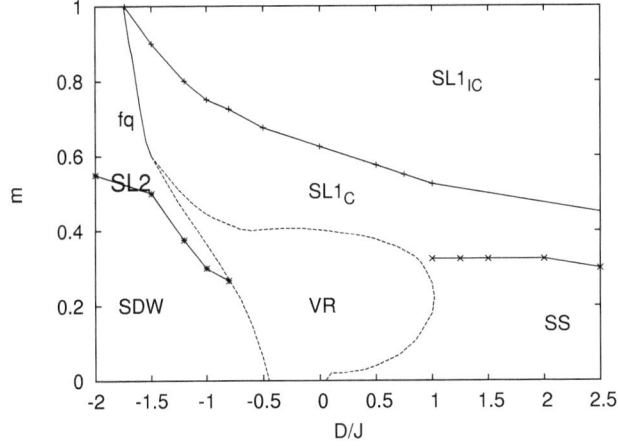

Abbildung 4.7.: Verfeinertes und korrigiertes Phasendiagramm für $\Delta = 5$ vgl. Abb. 4.6. Die SS-Phase wurde näherungsweise lokalisiert. Die Spinflüssigkeitsphasen sind kommensurabel, $SL1_C$, oder inkommensurabel, SL2 bzw $SL1_{IC}$. Die SL2-Phase besteht aus einem ferroquadrupolar „fq" geordneten und einem Spin-Density-Wave-Bereich, „SDW". Die verbotene Region „VR", stimmt mit dem entsprechenden Bereich „J" in Abb. 4.6 überein.

Kapitel 4. Detaillierte Beschreibung der Phasen der anisotropen $S = 1$-Kette

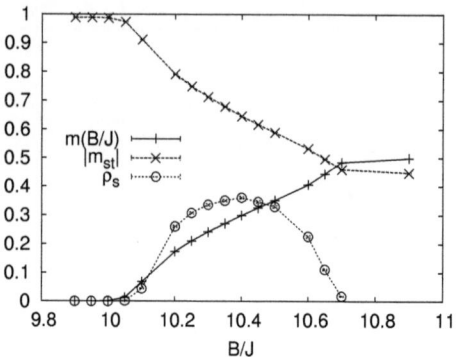

Abbildung 4.8.: $\Delta = 7, D/J = 3.5$. Koexistenz der Ordnungsparameter in der SS-Phase: Nichtverschwindende suprafluide Dichte ρ_s und alternierende Magnetisierung m_{st}. Dargestellt sind Quanten-Monte-Carlo-Daten (SSE) für $L = 30$, $k_B T/J = 0.03$.

4.3.1. Supersolid-Phase

Die Bezeichnung „supersolid" wurde ursprünglich im Zusammenhang mit den für He^4 diskutierten Quantengittergas-Modellen verwendet. Dort bezeichnete sie eine Phase in der eine kristalline Ordnung mit einer suprafluiden Dichte koexistiert [8–11]. Bildet man das Quantengittergas-Modell auf ein Spin-Modell ab [6], so sind die entsprechenden Ordnungsparameter die alternierende Magnetisierung und die suprafluide Dichte oder Spinsteifigkeit. Diese beiden Ordnungsparameter haben in der Supersolid-Phase demnach einen nicht-verschwindenden Wert.
Diese Koexistenz der beiden Ordnungen ist in Abbildung 4.8 dargestellt. Um die Existenz der Supersolid-Phase sicherzustellen, müsste allerdings noch das Finite-Size-Verhalten untersucht werden, um zu zeigen, dass beide Größen im thermodynamischen Limes nicht-verschwindende Werte annehmen. Solche Analysen sind beispielsweise von Laflorencie und Mila [76] sowie von Rossini et al. [25] durchgeführt worden. Statt der Charakterisierung über die Spinsteifigkeit kann man aber auch auf die die Korrelationsfunkionen $\langle S_0^+ S_r^- \rangle$ und $\langle (S_0^+)^2 (S_r^-)^2 \rangle$ zurückgreifen. Zuvor wurde gezeigt, dass in den massiven Phasen diese Korrelationsfunkionen exponentiell zerfallen, s. Abbildung 4.3. In den kritischen Phasen zerfällt mindestens eine dieser Korrelationsfunktionen algebraisch, s. Abbildung 4.9. Mit der DMRG ist die Bestimmung der Spinsteifigkeit zwar ebenfalls möglich, s. [25], in dieser Arbeit wurde jedoch die Charakterisierung über die Korrelationsfunktionen vorgenommen.
Bei der longitudinalen Korrelationsfunktion $\langle S_i^z S_j^z \rangle$ ist zu beachten, dass wegen der Untergitterstruktur, wie bei der AF- und HMP-Phase, der Beitrag von dem Produkt $\langle S_i^z \rangle \langle S_j^z \rangle$ abgezogen wird. Für die reduzierte Korrelationsfunkion $\langle S_i^z S_j^z \rangle - \langle S_i^z \rangle \langle S_j^z \rangle$

4.3 Die kritischen Phasen

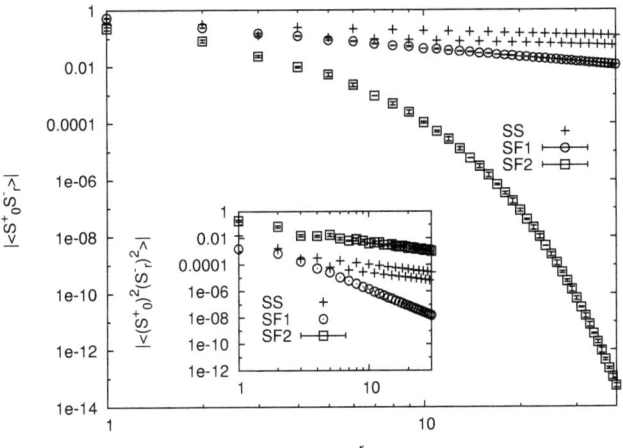

Abbildung 4.9.: $\Delta = 5$. Transversale Korrelationsfunktionen in der Supersolid-Phase (SS, $D/J = 2, m = 0.175$) und in den Spinflüssigkeitsphasen (SL1, $D/J = 2, m = 0.6$; SL2, $D/J = -2, m = 0.4$) bestimmt mit Hilfe der iDMRG-Methode ($M = 150$).

soll nach [24] für große Abstände r gelten:

$$\langle S_0^z S_r^z \rangle - \langle S_0^z \rangle \langle S_r^z \rangle = (-1)^r \left(C_1 \cos(2\pi(1-m)) r^{-\eta_z} + C_2 \frac{1}{r^2} \right), \quad (4.2)$$

wobei m die Magnetisierung ist und die Amplituden C_1, C_2 sowie der Exponent η_z kontinuierliche Funktionen der Systemparameter $\Delta, D/J$ und B/J sind. Der Zerfall der longitudinalen Korrelationsfunktion wird von [24] ebenfalls angegeben mit:

$$\langle S_0^+ S_r^- \rangle = C_2 \cos(\pi(2m-1)) r^{-\eta_{xy}''} + C_3 (-1)^r r^{-\eta_{xy}}, \quad (4.3)$$

wobei die Exponentenrelationen $\eta_{xy} \eta_z = 1$ und $\eta_{xy}'' = \eta_{xy} + 1/\eta_{xy}$ gelten sollen [24]. Da der Exponent η_{xy} immer positiv ist, muss folglich $\eta_{xy}'' > \eta_{xy}$ sein und der zweite Term von Gleichung (4.3) ist für große Abstände dominant. Ein solcher algebraischer Zerfall ohne inkommensurable Modulationen zeigt sich auch in den numerischen Daten, s. Abbildung 4.9. Auch die numerischen Daten für die longitudinale Korrelationsfunkion zeigen keine Modulationen. Für große Abstände scheint der Term $\sim (-1)^r r^{-\eta_{xy}}$ zu dominieren, s. Abbildung 4.10. Auf kleineren Abständen treten zusätzliche schneller abfallende Terme auf, vgl. der Inset in Abbildung 4.10. Auch diese weisen π-Oszillationen auf und konkurrieren offenbar mit dem algebraischen Term, so dass sich die Beiträge in diesem Fall bei ungefähr $r \approx 64$ kompensieren. Eine der Ergänzungen zu dem Phasendiagramm von Tonegawa *et al.* für $\Delta = 5$, Abbildung 4.6, ist die Phasengrenze zwischen der Supersolid- und Spinflüssigkeitsphase. Die Arbeit von Tonegawa *et al.* konzentrierte sich auf die Spinflüssigkeitsphasen, und die alternierende Magnetisierung wurde nicht betrachtet, so dass auch keine

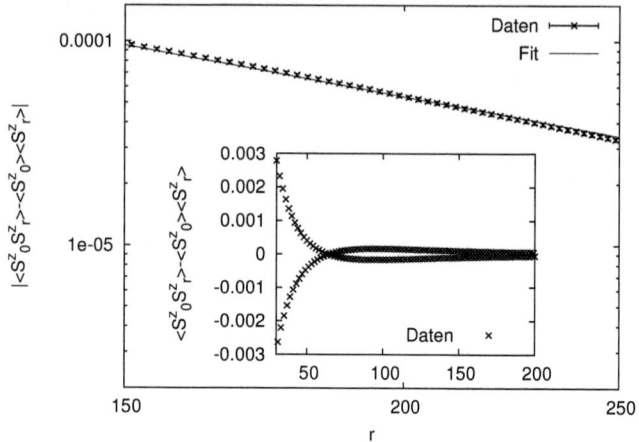

Abbildung 4.10.: Longitudinale Korrelationsfunktionen in der SS-Phase für $\Delta = 5, D/J = 2.5, m = 0.3$, berechnet mit Hilfe der iDMRG mit $M = 750$ in doppeltlogarithmischer Auftragung. Für den Fit wurde die Funktion $a(-1)^r r^{-2}$ im Bereich $150 \leq r \leq 250$ angepasst (χ^2/FG=0.5). Der Inset zeigt die Daten in einfacher Auftragung.

Supersolid-Phase festgestellt werden konnte. Bezieht man die alternierende Magnetisierung in die Betrachtung mit ein, so ergibt sich für positive D/J und $m \lesssim 0.3$ eine ausgedehnte Supersolid-Phase. Zu dem Phasendiagramm in Abbildung 4.7 ist jedoch noch anzumerken, dass die DMRG-Methode sehr nah an dem Übergang 1. Art sehr instabil wird. Die Energie und Magnetisierungskurven mögen zwar noch bestimmbar sein, aber schon in den Magnetisierungsprofilen zeigen sich teils starke Oszillationen. Insbesondere konnte so nicht genau geklärt werden, wie die Phasengrenze auf den verbotenen Bereich trifft. Außerdem konnte nicht mit Sicherheit verifiziert werden, dass es sich in dem kleinen Bereich für $0 \lesssim D/J \lesssim 1$ unterhalb der verbotenen Region um die Supersolid-Phase handelt. Zwar weisen die lokalen Magnetisierungsprofile darauf hin, dass noch eine endliche alternierende Magnetisierung vorhanden ist, doch war die Qualität der Daten nicht ausreichend, um diese Frage zu klären.

4.3.2. Spinflüssigkeitsphase

Bei der Betrachtung der klassischen und quantenmechanischen Phasendiagramme wurde die Spinflüssigkeitsphase als Analogon zur klassischen Spin-Flop-Phase eingeführt. Wie die Spin-Flop-Phase weist sie ein flaches Magnetisierungsprofil ohne Untergitterstruktur auf, im Gegensatz zu der bikonischen beziehungsweise Supersolid-Phase, in welcher die Magnetisierungen auf den beiden Untergittern sich unterscheiden, vgl. Abbildung 4.2. Die alternierende Magnetisierung ist also null. Die Spin-

4.3 Die kritischen Phasen

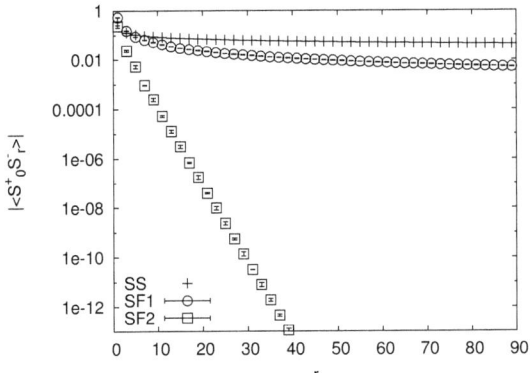

Abbildung 4.11.: $\Delta = 5$. Transversale Korrelationsfunktionen in der SS-Phase, $(D/J = 2, m = 0.175)$, in der SL1- $(D/J = 2, m = 0.6)$ und SL2-Phase $(D/J = -2, m = 0.4)$. Genau wie Abbildung 4.9 nur in halblogarithmischer Auftragung, um den exponentiellen Zerfall der Korrelationsfunkion in der SL2-Phase zu verdeutlichen (iDMRG-Daten mit $M = 150$).

steifigkeit hingegen nimmt wie in der Supersolid-Phase einen endlichen Wert an, beziehungsweise zerfällt mindestens eine der Korrelationsfunktionen $\langle S_0^+ S_r^- \rangle$ oder $\langle (S_0^+)^2 (S_r^-)^2 \rangle$ algebraisch, s. Abbildung 4.9.
Eine wichtige Unterscheidung in zwei Varianten der Spinflüssigkeitsphase für $B/J = 0$ geht auf Schulz [17] zurück. Tonegawa, Sakai und Okunishi [23,61] wiesen die Existenz dieser beiden Phasen auch für $B/J \neq 0$ nach. Das von Schulz eingeführte Unterscheidungsmerkmal bezieht sich auf den Zerfall der transversalen Korrelationsfunktion $\langle S_0^+ S_r^- \rangle$. In Abbildung 4.9 ist deutlich zu erkennen, dass die Korrelationsfunktion in der SL2-Phase stärker als algebraisch abfällt. In der halblogarithmischen Auftragung, Abb. 4.11, ist klar erkennbar, dass es sich dabei um einen exponentiellen Abfall handelt, während in der mit SL1 bezeichneten Phase der Zerfall algebraisch ist. Das Aufkommen dieses exponentiellen Abfalls wurde von Schulz [17] anschaulich beschrieben: Für hinreichend negative D/J wird der Zustand $S_i^z = 0$ energetisch benachteiligt. Daher ist ein einfacher Spin-Flip nicht mehr so leicht möglich, da der Zielzustand unterdrückt ist. Die Korrelationsfunktion $\langle S_0^+ S_r^- \rangle$, bei der einfache Spin-Flips an den Orten 0 und r durchgeführt werden, zerfällt demzufolge exponentiell mit dem Abstand r. Es lässt sich jedoch ein effektives Spin-1/2-Modell mit den Zuständen 1 und -1 bilden. Die Anregung mit einem zweifachen Spin-Flip, die zwischen diesen beiden Zuständen vermittelt, ist dann weiterhin ohne Energielücke. Die zugehörige Korrelationsfunktion $\langle (S_0^+)^2 (S_r^-)^2 \rangle$ zerfällt demnach weiterhin algebraisch.

52 Kapitel 4. Detaillierte Beschreibung der Phasen der anisotropen $S = 1$-Kette

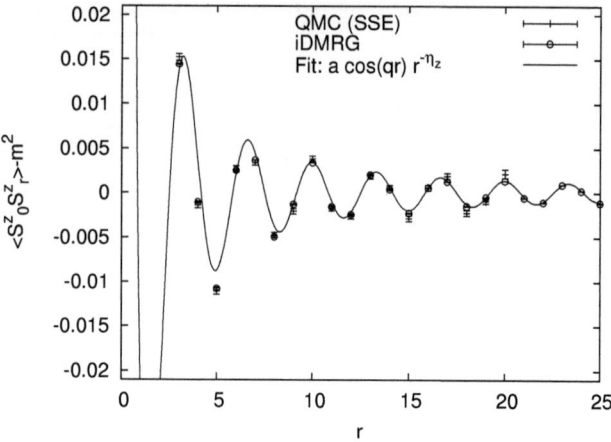

Abbildung 4.12.: Longitudinale Korrelationsfunktion für $\Delta = 5, D/J = 0, m = 0.7$ in der SL1-Phase. Die Parameter für die SSE-Rechnung sind $L = 40, k_B T/J = 0.01$ und $B/J = 10.5$ (d.h. $m \approx 0.7$). Die iDMRG-Daten werden für $15 \leq r \leq 150$ an die Form (4.4) angepasst. Die wichtigsten Fitparameter sind $\eta_z = 1.34 \pm 0.04$ und $q = 1.885 \pm 0.002$ (χ^2/Freiheitsgrad= 2.5).

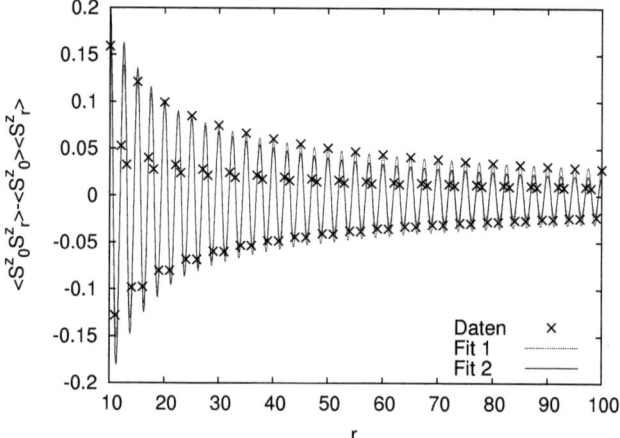

Abbildung 4.13.: Longitudinale Korrelationsfunktion für $\Delta = 5, D/J = -1.5, m = 0.2$ (SL2). Bei Fit 1 wurde ein kommensurabler $1/r^2$-Anteil mitberücksichtigt (4.4), während für Fit 2 nur eine Funktion $a \cos(qr) r^{-\eta_z}$ angepasst wurde. Die wichtigsten Fitparameter im ersten Fall ergaben dabei: $\eta_z = 0.743 \pm 0.006, q = 2.514 \pm 0.001$ bei einem χ^2/Freiheitsgrad= 0.5. Das χ^2/Freiheitsgrad ist im zweiten Fall 10.5.

4.3 Die kritischen Phasen

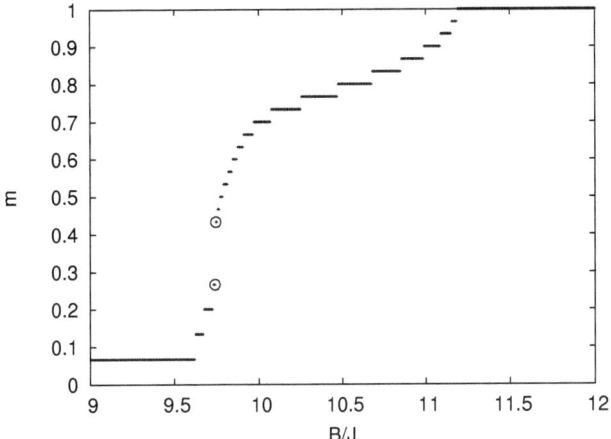

Abbildung 4.14.: Magnetisierungskurve für eine Kette Länge $L = 30, \Delta = 5$, und $D/J = -0.8$ (DMRG, $M = 200$). Durch die blauen Kreise sind die größte Magnetisierung unterhalb des Sprunges und die kleinste Magnetisierung oberhalb des Sprunges markiert.

Ein anderes Unterscheidungsmerkmal der beiden Phasen besteht in dem Magnetisierungsverhalten, das sich in endlichen Ketten beobachten lässt. Bei der Erhöhung des Feldes steigt die Magnetisierung in der SL2-Phase in Schritten von $\Delta M = 2$. In der SL1 Phase hingegen geht der Magnetisierungsprozess in Schritten von $\Delta M = 1$ vonstatten. Dieses Verhalten wird in Abbildung 4.14 illustriert. Unterhalb des durch die Kreise markierten Magnetisierungssprunges sind die Zweierschritte der SL2-Phase zu beobachten, während oberhalb die Magnetisierung in Einerschritten zunimmt. Über den Sprung in der Magnetisierung lässt sich der verbotene Bereich in Abbildung 4.7 lokalisieren.

Auch über die longitudinale Korrelationsfunktion lassen sich die beiden Phasen unterscheiden. Dieses Kriterium wurde z.b. von Sakai [61] angegeben. Beide Spinflüssigkeitsphasen zeigen danach einen inkommensurablen, algebraischen Zerfall jedoch mit unterschiedlichen Wellenzahlen: Für die SL1-Phase ist die Wellenzahl $q = 2\pi(1-m)$, während sich q in der SL2-Phase nach $q = \pi(1-m)$ verhält, wobei m die Magnetisierung ist. Diese unterschiedlichen Wellenzahlen lassen sich in der Tat beobachten. Abbildung 4.13 zeigt die Bestimmung von q für die SL2-Phase. Das aus dem Fit ermittelte $q = 1.885 \pm 0.002$ stimmt sehr gut der vorhergesagten Wellenzahl $q \doteq 2\pi(1-m) = 1.88495\ldots$ überein. Auch für die SL1-Phase ergibt sich eine gute Übereinstimmung der aus den Daten ermittelten Wellenzahl $q = 2.514 \pm 0.001$ und dem theoretisch erwarteten $q \doteq 2\pi(1-m) = 2.51327\ldots$, siehe Abbildung 4.12.

Aus den Voraussagen der Bosonisierung [65–67] ist bekannt, dass neben dem inkommensurablen auch ein kommensurabler Term zur Korrelationsfunktion beiträgt, der

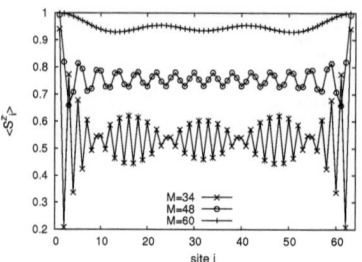
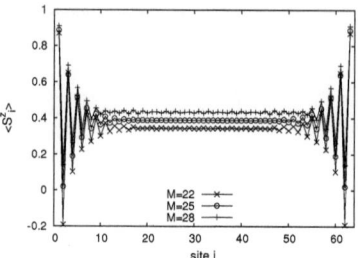

Abbildung 4.15.: Magnetisierungsprofile in der SL1-Phase für $\Delta = 3.5, D/J = 1.75$, für eine Kette der Länge $L = 63$. Die Magnetisierungen $M = m \cdot L$ korrespondieren zu Feldern im Bereich $5.0 < B/J < 5.8$. Übernommen aus [51] (DMRG-Daten mit $M = 200$).

Abbildung 4.16.: Magnetisierungsprofile in der SL1-Phase für $\Delta = 3.5, D/J = 1.75$, für eine Kette der Länge $L = 63$. Die Magnetisierungen $M = m \cdot L$ korrespondieren zu Feldern im Bereich $6.8 < B/J < 10.7$. Übernommen aus [51] (DMRG-Daten mit $M = 200$).

mit $1/r^2$ abfällt, die longitudinale Korrelationsfunktion sich asymptotisch also verhalten soll wie:

$$\langle S_0^z S_r^z \rangle - m^2 = C_1 \cos(qr) r^{\eta_z} + C_2 \frac{1}{r^2}. \tag{4.4}$$

In Abbildung 4.13 ist zum Vergleich eine Anpassung an die numerischen Daten mit und ohne den quadratischen Term aus (4.4) durchgeführt. Die Datenanpassung mit dem quadratischen Term beschreibt die Daten besser, ist als Nachweis dieses Terms aber wohl noch unzureichend.
In den beiden Beispielen, Abbildung 4.12 und 4.13, ist $\eta_z < 2$ und somit dominiert der inkommensurable Anteil. In der SS-Phase wurde hingegen beobachtet, dass für große Abstände ein Term $\sim (-1)^r r^{-2}$ dominierte. In diesem Sinne ist die Korrelationsfunkion der SS-Phase also kommensurabel. Diese Art der Kommensurabilität lässt sich in einer Teilregion der SL1-Phase ebenfalls nachweisen, während in der SL2-Phase der inkommensurable Term für alle untersuchten Parameterwerte dominiert. Hinweise auf diese Unterscheidung in kommensurable und inkommensurable Bereiche finden sich schon in den lokalen Magnetisierungsprofilen, wie sie im Rahmen dieser Arbeit in [51] untersucht wurden. Diese Rechnungen wurden mit offenen Randbedingungen durchgeführt. In manchen Parameterbereichen ist die Störung, die von den offenen Rändern herrührte, so groß, dass sich in den Magnetisierungsprofilen starke Oszillationen ausbilden, die sich über die Länge des ganzen Systems erstrecken, siehe Abbildung 4.15. Während in anderen Parameterbereichen die Oszillationen sehr viel rascher abfallen, siehe Abbildung 4.15. Dies deutet schon darauf hin, dass zum Einen der Zerfall der longitudinalen Korrelationsfunktionen unterschiedlich schnell vonstatten gehen könnte, sich also die charakteristischen Exponenten eventuell stark unterscheiden, und dass zum Anderen möglicherweise sogar in dem einen Fall eine kommensurable und in dem anderen Fall eine inkommensurable Wellenzahl des domi-

4.3 Die kritischen Phasen

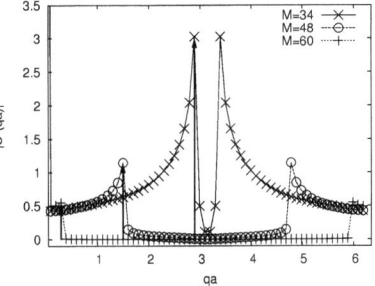

Abbildung 4.17.: Betrag der Fouriertransformierten der Magnetisierungsprofile aus Abbildung 4.15. Die Pfeile markieren die Position $2\pi(1-m)$, welche in allen Fällen gut mit der Position des Maximums übereinstimmt.

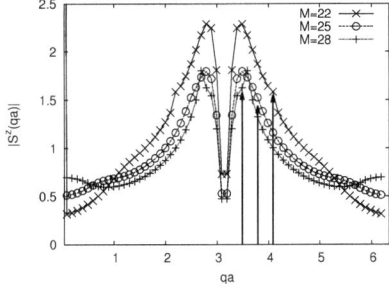

Abbildung 4.18.: Betrag der Fouriertransformierten der Magnetisierungsprofile aus Abbildung 4.16. Die Pfeile markieren die Position $2\pi(1-m)$, welche nicht mit denen der Maxima übereinstimmen.

nanten Terms vorliegt. Die Fourieranalyse bestätigt auch, dass es sich bei den Wellenzahlen der in den Profilen deutlich sichtbaren Oszillationen, Abbildung 4.15, genau um $q = 2\pi(1-m)$ handelt, siehe Abbildung 4.17. Für die flacheren Profile zeigen sich im Spektrum hingegen keine Maxima oder dominanten Merkmale an der Wellenzahl $q = 2\pi(1-m)$, s. Abbildung 4.18. Die Maxima in der Nähe von π rühren vermutlich von den rascher abfallenden Oszillationen am Rand her. Das Profil mit den stärksten Oszillationen, Abbildung 4.15 mit Magnetisierung $M = 34$, zeigt in der Fourieranalyse eine dominante Wellenzahl nahe bei π. Durch den geringen Abstand zu π entsteht auf dem diskreten Gitter genau der schwebungsartige Effekt, wie man ihn in dem Profil sieht.[1]

Die Untersuchung der longitudinalen Korrelationsfunktion gibt klare Hinweise, dass die Unterscheidung zwischen den flachen oder modulierten Profilen zusammenfällt mit der Frage, ob der kommensurable oder der inkommensurable Anteil der Korrelationsfunktion (4.4) langsamer zerfällt: Für die Parameter der modulierten Profile überwiegt der inkommensurable Anteil mit einem Exponent $\eta_z \approx 1.5$, während den flachen Profilen eine Korrelationsfunktion entspricht, die asymptotisch keine inkommensurablen Wellenzahlen aufweist. Daraus lässt sich ein Kriterium für die Kommensurabilität beziehungsweise Inkommensurabilität ableiten: Eine inkommensurable Phase liegt vor für $\eta_z < 2$, während $\eta_z > 2$ in dem kommensurablen Bereich gilt. So kennzeichnen die Parameter, für welche $\eta_z = 2$ gilt, genau die Übergangslinie zwischen kommensurabler und inkommensurabler Ausprägung der Spinflüssigkeitsphase.

---

[1] Aus den Additionstheoremen folgt $\cos((\pi - \delta)r) = \cos(\pi r)\cos(\delta r)\ \forall r \in \mathbb{N}$, d.h. für $\delta \ll 1$ ergibt sich eine langwellig modulierte π-Schwingung.

Kapitel 4. Detaillierte Beschreibung der Phasen der anisotropen $S = 1$-Kette

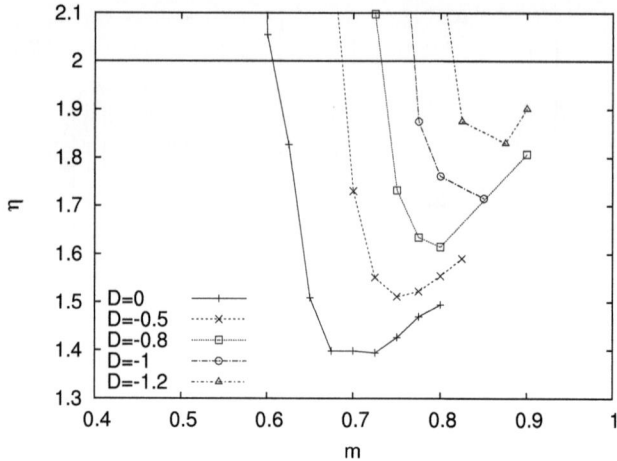

Abbildung 4.19.: $\Delta = 5$. η_z als Funktion von m für die angegebenen Werte von D.

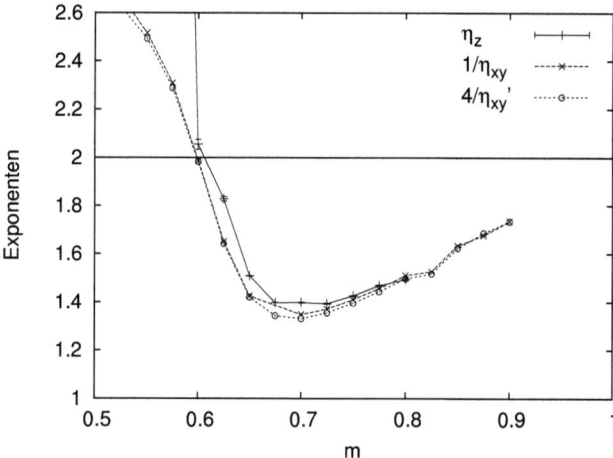

Abbildung 4.20.: $\Delta = 5, D/J = 0$, iDMRG ($M = 150, 300$). η_z als Funktion von m. Gezeigt sind ebenfalls $1/\eta_{xy}$ und $4/\eta'_{xy}$, Gleichung (4.5) und (4.6). Auf die Abweichungen wird im Text eingegangen.

4.3 Die kritischen Phasen

Die Bestimmung dieser Grenzlinie ist eine zweite Ergänzung zu dem Phasendiagramm von Tonegawa *et al.*, Abbildung 4.6. Zu dieser Verfeinerung ist zunächst zu bemerken, dass Tonegawa *et al.* Bezeichnung „C" für den ganzen Bereich von SL1- und SS-Phase gewählt hatten, um einen kommensurablen Bereich mit π-Oszillationen zu kennzeichnen [23]. In der Tat war in der Supersolid-Phase ein solcher Beitrag zu der longitudinalen Korrelationsfunkion dominant. Allerdings ist damit die Korrelationsfunkion in dem Gebiet von SL1 noch nicht beschrieben. Wie zuvor ausgeführt ist über den Exponenten η_z eine Unterscheidung in eine kommensurable und inkommensurable Ausprägung der SL1-Phase möglich. Um den Übergang zu lokalisieren, ist in Abbildung 4.19 der Exponent η_z für verschiedene D/J als Funktion von m aufgetragen. Über den Schnittpunkt mit der Geraden $\eta_z = 2$ lässt für jedes D/J der Punkt des Übergangs ablesen. Die Übergangslinie, die sich daraus ergibt, wurde in das Diagramm 4.7 eingetragen.

Für $D/J = 0$ wurde ein zusätzlicher Konsistenztest durchgeführt. Da in der SL1-Phase die Exponentenrelation [24, 66, 67]

$$\eta_z \eta_{xy} = 1 \qquad (4.5)$$

gelten soll, lässt sich die Übergangslinie auch über $1/\eta_{xy} = 2$ bestimmen, siehe Abbildung 4.20. Außerdem soll in der SL1-Phase auch die Relation

$$4\eta_z / \eta'_{xy} = 1 \qquad (4.6)$$

gelten [17, 61], wobei η'_{xy} der Exponent der Korrelationsfunkion $\langle (S_0^+)^2 (S_r^-)^2 \rangle$ ist. Entsprechend ist in Abbildung 4.20 auch $4/\eta'_{xy}$ als Funktion von m eingetragen. Die direkte Bestimmung von η_z weicht von den beiden anderen Werten für $D/J \lesssim 0.6$ ab. Dies erklärt sich daraus, dass dann gerade der kommensurable $1/r^2$-Term der Korrelationsfunkion (4.4) dominant wird und der inkommensurable Anteil, der mit η_z abfällt, nicht mehr zuverlässig an die Daten angepasst werden kann. Bei höheren Werten von m zeigen sich ebenfalls kleinere Abweichungen. Wahrscheinlich wären hier Matrixproduktzustände mit größerer Matrixdimension M vonnöten, um den algebraischen Zerfall der transversalen Korrelationsfunktionen mit so kleinen Exponenten ($\eta'_{xy} \approx 0.6$) richtig darstellen zu können. Der Punkt des Übergangs wird von allen drei Methoden jedoch konsistent zu $m \approx 0.6$ bestimmt.

58 Kapitel 4. Detaillierte Beschreibung der Phasen der anisotropen $S = 1$-Kette

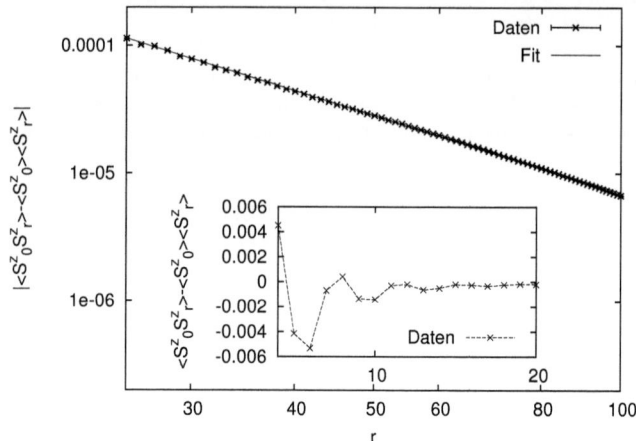

Abbildung 4.21.: Longitudinale Korrelationsfunktion für $\Delta = 5, D/J = -1$ und $m = 0.7$ in doppeltlogarithmischer Auftragung (iDMRG $M = 150$). Angefittet ist eine Funktion ar^{-2} im Bereich $40 \leq r \leq 80$ (χ^2/FG$= 1.2$). Der Inset zeigt den raschen, modulierten Abfall auf kurzen Abständen. Für die Modulationen wurde eine Wellenzahl von $q_{\text{eff}} \approx 1.6$ bestimmt.

Für den inkommensurablen Bereich der SL1-Phase war die longitudinale Korrelationsfunkion schon in Abbildung 4.12 charakterisiert worden. Im Folgenden wird nun auf das Verhalten dieser Korrelationsfunktion in dem kommensurablen Bereich der SL1-Phase eingegangen. In dieser Region überwiegt für große Abstände der $1/r^2$-Term von Gleichung (4.4), siehe Abbildung 4.21. Auf kleineren Abständen zeigen sich zusätzliche oszillierende Beiträge, die rasch abfallen. Für diese Anteile wurde aus χ^2-Fits eine effektive Wellenzahl q_{eff} ermittelt. Durch die drei Abbildungen 4.21, 4.22 und 4.23 sollen dabei folgende Tendenzen verdeutlicht werden: Die effektive Wellenzahl q_{eff} nimmt mit wachsendem D/J zu. In der Nähe der SS-Phase strebt sie schließlich gegen π, vgl. Abbildung 4.23. Die Amplitude und Reichweite der Oszillationen im Anfangsbereich steigt ebenfalls mit Erhöhung von D/J beziehungsweise bei der Annäherung an die SS-Phase. Für $D/J = 1.5$ und $m = 0.4$ z.B. lässt sich die Korrelationsfunktion für kurze Abstände durch ein exponentielles Zerfallsgesetz beschreiben, wobei die Korrelationslänge schon einen Wert von $\xi \approx 8.4$ hat. Das Verhalten dieser Korrelationslänge bei dem Übergang von der SL1- zur SS-Phase wird noch in Kapitel 5 diskutiert werden.

4.3 Die kritischen Phasen

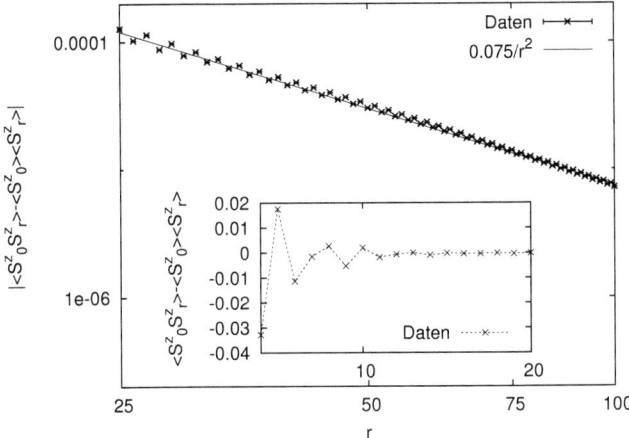

Abbildung 4.22.: Longitudinale Korrelationsfunktion für $\Delta = 5, D/J = 0$ und $m = 0.5$ in doppeltlogarithmischer Auftragung (iDMRG $M = 250$). Die Funktion $0.075/r^{-2}$ ist zur Verdeutlichung eines möglichen quadratischen Abfalls für große Abstände eingezeichnet. Für die rasch abfallenden modulierten Anteile, die der Inset zeigt, wurde eine Wellenzahl von $q_{\text{eff}} \approx 2.5$ bestimmt.

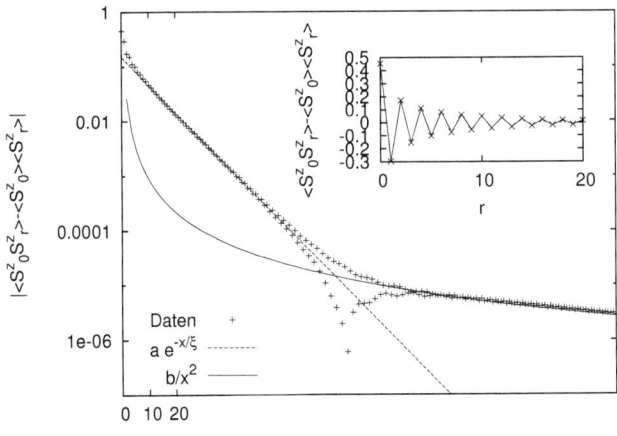

Abbildung 4.23.: Longitudinale Korrelationsfunktion für $\Delta = 5, D/J = 1.5$ und $m = 0.4$ in halblogarithmischer Auftragung (iDMRG $M = 150$). Für Abstände $r \lesssim 60$ wird das asymptotische Verhalten von zusätzlichen Termen überdeckt. Zum Vergleich ist eine exponentiell abfallende Funktion mit $\xi \approx 8.4$ und eine quadratisch abfallende Funktion mit $a = 0.087$ eingezeichnet. Der Inset zeigt, dass es sich auf kurzen Abständen um eine π-Oszillation handelt, d.h. $q_{\text{eff}} = \pi$.

Kapitel 4. Detaillierte Beschreibung der Phasen der anisotropen $S = 1$-Kette

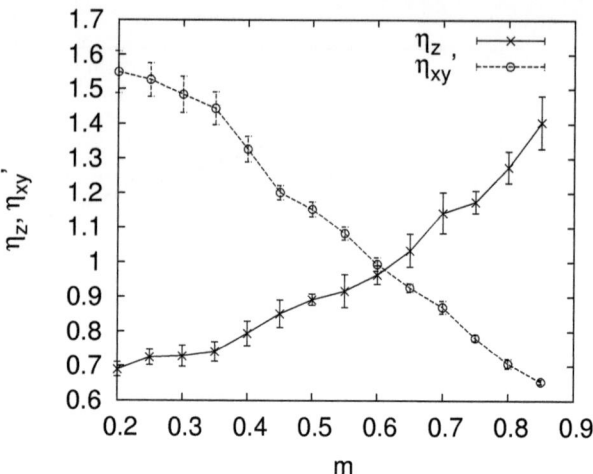

Abbildung 4.24.: $\Delta = 5, D/J = -2$. η_z und η'_{xy} als Funktion von m in der SL2-Phase. Eingetragen ist ebenfalls das Produkt beider Exponenten, das nach [61] 1 sein soll. Der Kreuzungspunkt markiert den Übergang von einer ferroquadrupolaren Luttingerflüssigkeit ($\eta'_{xy} < \eta_z$) zu einer Spin-Dichte-Welle ($\eta_z < \eta'_{xy}$).

Eine dritte Ergänzung zu dem Phasendiagramm von Tonegawa et al., Abbildung 4.6, betrifft die SL2-Phase. In dieser Phase zerfällt die Korrelationsfunktion $\langle S_0^+ S_r^- \rangle$ exponentiell, d.h. formal $\eta_{xy} \to \infty$. Statt der Exponentenrelation $\eta_z \eta_{xy} = 1$ gilt hier nun: $\eta_z \eta'_{xy} = 1$ [17]. Dieses Produkt ist in Abbildung 4.24 aufgetragen. Die Betrachtung von η_z beziehungsweise η'_{xy} erlaubt eine weitere Differenzierung der Phasen. Je nachdem welcher der beiden Exponenten kleiner ist, d.h. welche der beiden Korrelationsfunkionen $\langle (S_0^+)^2 (S_r^-)^2 \rangle$ oder $\langle S_0^z S_r^z \rangle$ dominant ist, kann in eine ferroquadrupolare Luttingerflüssigkeit ($\langle (S_0^+)^2 (S_r^-)^2 \rangle$ überwiegt, $\eta'_{xy} < \eta_z$) oder eine Spin-Dichte-Welle ($\langle S_0^z S_r^z \rangle$ ist vorherrschend, $\eta_z < \eta'_{xy}$) unterschieden werden [64]. Wie man in Abbildung 4.24 sieht, gehört der Bereich mit $m \lesssim 0.6$ zur gewöhnlichen Spin-Dichte-Welle-Luttingerflüssigkeit, während für $m \gtrsim 0.6$ eine ferroquadrupolare Ordnung vorliegt. Diese Übergangslinie für verschiedene D/J ist ebenfalls in das Diagramm in Abbildung 4.7 eingetragen.

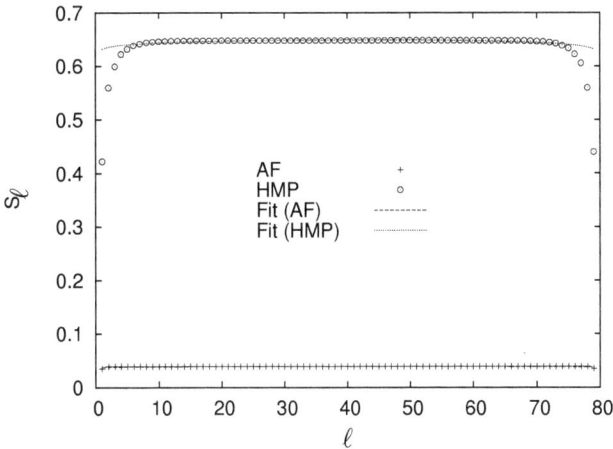

Abbildung 4.25.: Die von-Neumann-Entropie S als Funktion der Partitionsposition ℓ (DMRG, $L = 80, M = 1000$, periodische Randbedingungen). Die Funktion (4.7) ist an die numerischen Daten angepasst. Für die AF-Phase ($\Delta = 5, D/J = -2, m = 0$) ergibt der Fit $c \approx 0.001 \pm 0.0004$, bei einem $\chi^2/FG = 0.3$ und dem Fitbereich $0 \leq \ell \leq 80$. Für die HMP-Phase ($\Delta = 5, D/J = 2.5, m = 1/2$) ergibt sich $c = 0.016 \pm 0.001$, bei $\chi^2/FG = 0.86$ für den Fitbereich $5 \leq \ell \leq 75$.

4.4. Konforme Ladung

Die konforme oder zentrale Ladung c ist eine der wichtigen Grundgrößen der konformen Feldtheorie. Sie lässt sich in Beziehung setzen zu der Anzahl der kritischen oder lückenlosen Freiheitsgrade eines Systems [77]. So sollte man erwarten, dass in einer massiven Phase, in der eine Energielücke vorliegt, die zentrale Ladung 0 ist. In kritischen Phasen nimmt c hingegen einen nicht-verschwindenden Wert an. Je nachdem, ob es sich um ein- oder zweikomponentige Luttingerflüssigkeit handelt, beträgt die zentrale Ladung $c = 1$ oder $c = 2$. Für einen Ising-Freiheitsgrad ist die zentrale Ladung $c = 1/2$. Manmana et al. [64] untersuchten das bilinear-biquadratische $S = 1$-Modell im Feld. Sie wiesen nach, dass dort Phasen existieren mit $c = 1$ sowie solche, in denen $c = 2$ gilt. Für die Bestimmung der zentralen Ladung verwendeten sie die von Calabrese und Cardy [78] berechnete Form der Entropie für ein eindimensionales System der Länge L mit periodischen Randbedingungen. Dabei wird die von-Neumann-Entropie S als Funktion des Ortes ℓ betrachtet, an dem die Zweiteilung des Gesamtsystems vorgenommen wird, um die reduzierte Dichtematrix für einen der Teile zu bestimmen und mit dieser die Entropie. Die funktionale Form, die Calabrese und Cardy [77] für die Entropie fanden, ist:

$$S_\ell = \frac{c}{3} \log\left(\frac{L}{\pi a} \sin(\frac{\pi \ell}{L})\right) + c_1', \qquad (4.7)$$

62 Kapitel 4. Detaillierte Beschreibung der Phasen der anisotropen $S = 1$-Kette

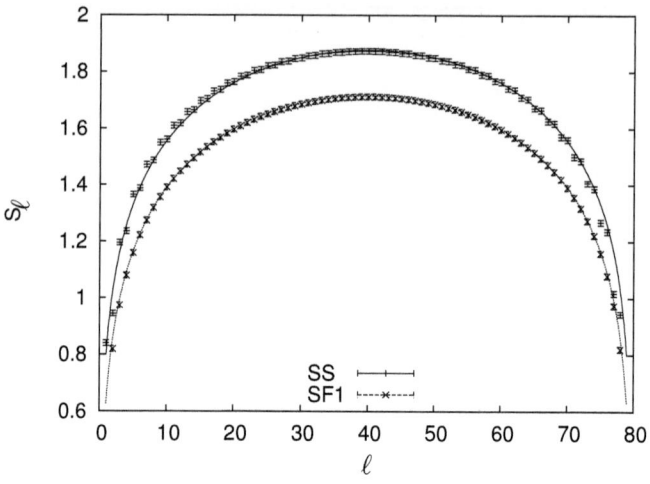

Abbildung 4.26.: Die von-Neumann-Entropie S als Funktion der Partitionsposition ℓ (DMRG, $L = 80, M = 1000$, periodische Randbedingungen). Angepasst an die numerischen Daten ist die Funktion (4.7). Für die Supersolid-Phase (SS, $\Delta = 5, D/J = 2.5, m = 0.225$) sind die Fitparameter dabei: $c = 1.00 \pm 0.01$, $c'_1 = 0.80 \pm 0.01$, $\chi^2/FG = 1.7$. In der SL1-Phase (SL1, $\Delta = 5, D/J = 2.5, m = 0.75$) ergibt sich $c = 1.01 \pm 0.01$, $c'_1 = 2.63 \pm 0.01$, $\chi^2/FG = 0.74$.

wobei L die Systemlänge, $a \equiv 1$ der Gitterabstand ist und c'_1 eine Konstante. Diese Konstanten c'_1 und c stellen die einzigen freien Parameter dar, welche als Fitparameter dienen, um die Funktion (4.7) an das numerisch bestimmte S_ℓ anzupassen. Für die massiven Phasen AF und HMP zeigt die Abbildung 4.25, dass der durch den Fitparameter bestimmte Wert für die zentrale Ladung c im Rahmen der Fehler Null beträgt.
In der SS-Phase und der SL1-Phase beträgt die zentrale Ladung 1, wie aus Abbildung 4.26 ersichtlich ist. Eine interessante Frage ist, ob bei dem Übergang zwischen diesen beiden Phasen ein Ising-Freiheitsgrad auftritt, der an dem Übergang zu einer zentralen Ladung von $c = 1 + 1/2 = 3/2$ führen würde. Einige Rechnungen in der Nähe des Übergangs für $\Delta = 5$ und $D/J = 2.5$ zeigten einen Anstieg der zentralen Ladung, für ein Beispiel siehe Abbildung 4.27. Weitere Analysen insbesondere zum Finite-Size-Verhalten der zentralen Ladung wären hier aber vonnöten.

4.4 Konforme Ladung

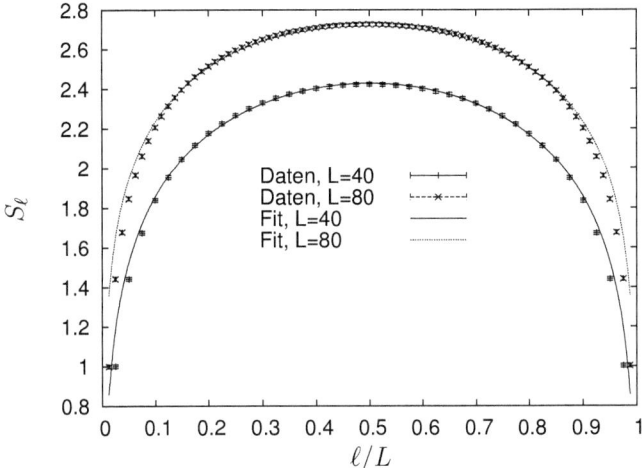

Abbildung 4.27.: Die von-Neumann-Entropie S als Funktion der Partitionsposition ℓ. DMRG-Daten mit periodische Randbedingungen für $L = 80, M = 1000$ und $L = 40, M = 500$. Angepasst an die numerischen Daten ist die Funktion (4.7) in den Bereichen $10\ell \leq 70$ ($L = 80$) und $5\ell \leq 35$ ($L = 40$). Die Daten wurden in der SL1-Phase für $\Delta = 5, D/J = 2.5, m = 0.325$ nahe am Übergang zur SS-Phase genommen ($m_c \approx 0.315$, vgl. Kapitel 5). Die Fits ergaben $c = 1.27 \pm 0.01, \chi^2/FG = 0.3$ für $L = 80$ und $c = 1.46 \pm 0.01, \chi^2/FG = 0.2$ für $L = 40$.

5. Quantenphasenübergänge

Für die Quantenversion des Ising-Modells im transversalen Feld in D Dimensionen ist schon seit gut zwei Jahrzehnten bekannt, dass die Zustandssumme dieses Systems äquivalent ist zu der eines klassischen Systems in $D + 1$ Dimensionen bei endlichen Temperaturen [79]. Dieser Analogie folgend, existiert für Quantenphasenübergänge nun ein einfaches Bild [80]. Danach lassen sich im Allgemeinen Quantenphasenübergänge in einem D-dimensionalen System in Analogie setzen zu klassischen Phasenübergängen in $D + z$ Dimensionen, wobei der dynamische kritische Exponent z problemabhängig ist. Quantenkritische Phänomene sind jedoch nicht generell auf klassische Phasenübergänge reduzierbar. Sachdev [80] führt einige Gründe an, warum eine direkte Behandlung des Quantenproblems wichtig ist. Unter anderem benötige man z.b. eine analytische Fortsetzung, um auf Korrelationsfunktionen des Quantenproblems zurückzuschließen. Diese sei jedoch sehr schlecht konditioniert, so dass sehr exakte Daten für das klassische Problem vonnöten seien. Für eine große Klasse von quantenkritischen Punkten seien die korrespondierenden klassischen artifiziell oder wenig untersucht.

Angesichts dieser Sachverhalte sollen hier Quanten-Phasenübergänge in den Grundzustandsphasendiagrammen von Modell (3.1) untersucht werden. Einige der Phasenübergänge sind bereits studiert worden. So untersuchten beispielsweise Tonegawa *et al.* [23] den Übergang zwischen der SL1- und der SL2-Phase und Rossini *et al.* analysierten den Phasenübergang zwischen SS- und HMP-Phase. Schulz [17] führte eine Analyse der Phasen des Modells (3.1) für $B/J = 0$ durch. Er charakterisierte jedoch auch den Übergang, der durch Anlegen eines Feldes $B/J > 0$ von einer der massiven Phasen bei $B/J = 0$ zu einer kritischen Phasen möglich ist. Dieser sollte durch die Pokrovsky-Talapov-Universalitätsklasse beschrieben werden [81]. Sengupta und Batista gaben an, dass auch der Übergang zwischen der SS- und HMP-Phase, sowie der Übergang von der HMP-Phase zur SL1-Phase in dieser Universalitätsklasse liegen sollte. In keiner dieser Publikationen scheint bisher jedoch der Nachweis für das charakteristische Wurzelgesetz der Magnetisierung an dem Pokrovsky-Talapov-Übergang erbracht worden zu sein. Auch der Übergang von der SS- zur SL1-Phase scheint noch nicht weiter charakterisiert worden zu sein. Einige dieser Lücken zu schließen, ist das Ziel dieses Kapitels. Darüberhinaus werden zwei mögliche multikritische Punkte identifiziert: Bei dem Übergang zwischen SS- und SL1-Phase könnte ein trikritischer Punkt vorliegen, sowie ein bikritischer Punkt bei dem Übergang von der AF- zu der LD-Phase.

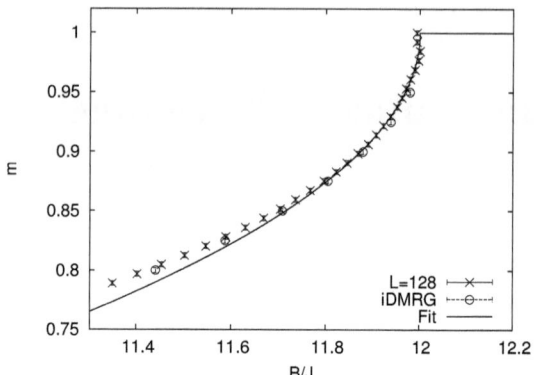

Abbildung 5.1.: Die Magnetisierung m als Funktion des Feldes für $\Delta = 5, D/J = 0$. Gezeigt sind iDMRG-Daten für ($M = 150$) und DMRG-Daten für ein System der Länge $L = 128$ ($M = 200$). Angepasst an die DMRG-Daten ist die Funktion $m_{\text{fit}} = 1 - a\sqrt{B_s/J - B/J}$, wobei a und das Sättigungsfeld B_s als Fitparameter dienen. Der Fit für $11.8 \leq B/J \leq 12$ ergab $a = 0.281 \pm 0.002$ und $B_s = 12.000 \pm 0.001$ bei einem $\chi^2/\text{FG} = 1.3$.

5.1. Übergänge von einer massiven zu einer kritischen Phase

In einer massiven Phase mit Anregungslücke bleibt der quantenmechanische Zustand unverändert, wenn man das Feld bis zu einem kritischen Wert B_c erhöht. Erst oberhalb von B_c, wenn das System in eine kritische Phasen übergeht, ändern sich Größen wie die Magnetisierung m oder Exponenten der charakteristischen Korrelationsfunktionen kontinuierlich mit dem Feld B/J. Für die massiven Phasen bei $B/J = 0$ sagte Schulz [17] voraus, dass es sich dabei um einen kommensurabel-inkommensurabel oder Pokrovsky-Talapov-Übergang [81] handelt. Die massive Phase spielt die Rolle der kommensurablen Phase und die inkommensurable Phase entspricht der kritischen Phase.

Charakteristisch für den Pokrovsky-Talapov-Übergang ist, dass die Inkommensurabilität einem Wurzelgesetz folgt [82]:

$$q \propto \sqrt{B - B_c}. \qquad (5.1)$$

Berücksichtigt man nun dass $q \sim m$, so besagt (5.1), dass sich die Magnetisierung in der Nähe des Phasenübergangs verhält wie, vgl. auch [83],

$$m \propto \sqrt{B - B_c}. \qquad (5.2)$$

In Abbildung 5.2 ist ein solcher Ansatz an die iDMRG-Daten für $\Delta = 5$ und $D/J = 2.5$ gefittet worden. Ein analoger Fit für den Übergang von der SL1- zur FM-Phase

5.1 Übergänge von einer massiven zu einer kritischen Phase

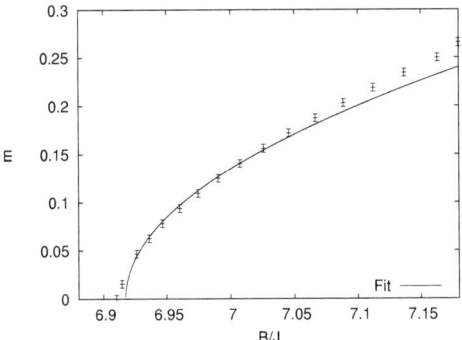

Abbildung 5.2.: Magnetisierung als Funktion des Feldes B/J bei dem Übergang von AF zu SS für $\Delta = 5, D/J = 2.5$. Gezeigt sind iDMRG-Daten für $M = 150$. Angepasst ist ein Wurzelgesetz in dem Bereich $6.9 \leq B/J \leq 7.05$ ($\chi^2 = 2.1$). Das kritische Feld ergibt sich dabei zu $B_{c1}/J = 6.917 \pm 0.005$.

ist in Abbildung 5.1 durchgeführt. Zwar zeigen sich offenbar in größerer Entfernung vom kritischen Punkt Abweichungen von dem einfachen Wurzelverhalten, aber nahe dem kritischen Punkt werden die Daten gut durch den funktionalen Zusammenhang (5.2) beschrieben. Für die Übergänge an der HMP-Phase spielt sich das kritische Verhalten möglicherweise in einem zu kleinen Feldbereich ab. Bei der untersuchten Auflösung der Magnetisierungen beziehungsweise Felder konnte so das Verhalten (5.2) noch nicht bestätigt werden.
Wie in Abbildung 4.6 gezeigt, kann der Phasenübergang zwischen einer massiven, der AF-Phase und einer kritischen, der kommensurablen SL1-Phase, auch 1. Art sein. Dies gilt für betragsmäßig kleine Werte von D/J.
Auf eine neuere Untersuchung zu solchen Phasenübergängen zwischen massiven und kritischen Phasen sei hier noch kurz verwiesen. Rossini *et al.* [25] berechneten mit einer DMRG-Methode den Ordnungsparameter ρ_s an dem Übergang von der AF- zur SS-Phase und von der SS- zur HMP-Phase. Für ersteren Übergang bestimmten sie den kritischen Exponenten für ρ_s,

$$\rho_s \propto (B - B_c)^{\beta_s}, \qquad (5.3)$$

und fanden, dass dieser kompatibel mit einem Wurzelgesetz sei, $\beta_s \approx 1/2$.

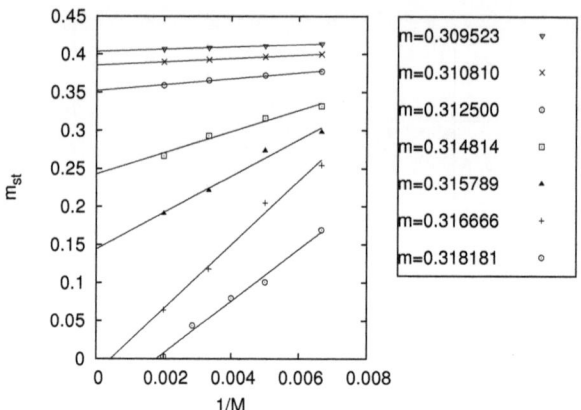

Abbildung 5.3.: Extrapolation der alternierenden Magnetisierung. Gezeigt sind Daten der iDMRG-Rechnungen für $\Delta = 5, D/J = 2.5$. M ist die Matrixdimension des Matrixproduktzustandes.

5.2. Übergänge zwischen kritischen Phasen

Von den Übergängen zwischen verschiedenen kritischen Phasen sei hier zunächst jener zwischen der Supersolid- und der Spinflüssigkeits-Phase untersucht. Der Ordnungsparamter für diesen Übergang ist die alternierende Magnetisierung m_{st}. In der Supersolid-Phase nimmt diese einen nicht-verschwindenden Wert an. Mit steigendem Feld nimmt m_{st} jedoch kontinuierlich ab, und erreicht schließlich den Wert Null genau am kritischen Feld B_c/J.

Die alternierende Magnetisierung wurde über die Differenz der Untergittermagnetisierungen bestimmt, vgl. Anhang B. In der Nähe des Übergangs zeigt sich, dass die so bestimmte alternierende Magnetisierung noch von der Matrixdimension M des Matrixproduktzustandes abhängt. Je größer M, desto besser sollte der betreffende Grundzustand approximiert werden können. Daher wurde eine Extrapolation zu $M \longrightarrow \infty$ vorgenommen, s. Abbildung 5.3. In Abbildung 5.5 sind die extrapolierten Daten in doppeltlogarithmischer Auftragung gezeigt. In der Tat scheinen sie das Potenzgesetz mit dem kritischen Exponent $\beta = 0.125$ zu erfüllen [62]. Demnach könnte der Übergang von der SS- zu der SL1-Phase der 2D-Ising-Universalitätsklasse zugeordnet werden. Bei dem Übergang im klassischen Modell liegt ebenfalls ein Ising-Übergang vor, so dass hier das quantenmechanische System im gleichen Universalitätsklassentyp läge mit der im Vergleich zum klassischen System um Eins erhöhten Dimension. Dies ist analog zu einer Beobachtung von Laflorencie und Mila [76], die in einem zweidimensionalen System für den gleichen Phasenübergang die Universalitätsklasse des 3d-Ising-Modells feststellten.

5.2 Übergänge zwischen kritischen Phasen 69

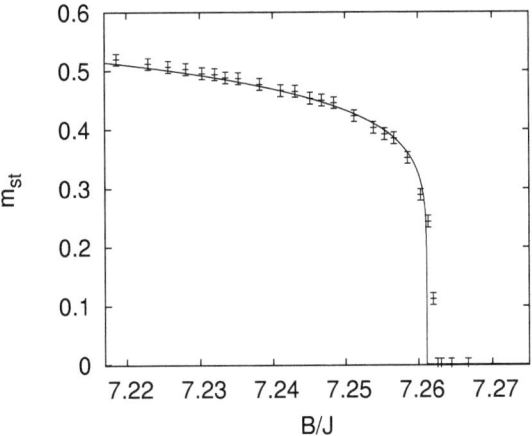

Abbildung 5.4.: Die alternierende Magnetisierung bei dem Übergang von der SS- zu der SL1-Phase für $\Delta = 5$ und $D/J = 2.5$. Gezeigt sind die iDMRG-Daten nach der in Abbildung 5.3 gezeigten Extrapolation. Der gezeigte Fit wurde mit festem Exponenten $\beta = 0.125$ durchgeführt und ergab $B_c/J = 7.262 \pm 0.002$, (χ^2/FG von 6.4).

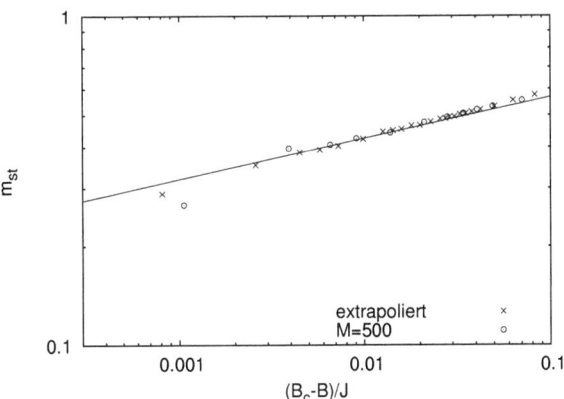

Abbildung 5.5.: Alternierende Magnetisierung bei dem Übergang von SS- zu der SL-Phase, wie in Abbildung 5.4, nun in doppeltlogarithmischer Auftragung. Gezeigt sind zum einen die nach $M \longrightarrow \infty$ extrapolierten Daten zum Anderen die für $M = 500$. Der Fit ergab $\beta = 0.125 \pm 0.02$ bei einem χ^2/FG von 1.3.

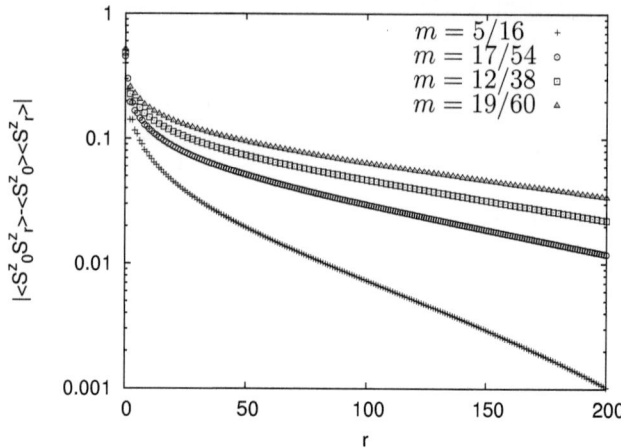

Abbildung 5.6.: Die longitudinale Korrelationsfunktion für $\Delta = 5, D/J = 2.5$, bestimmt mit Hilfe der iDMRG für $M = 500$ innerhalb der SL1-Phase. Die Korrelationslänge steigt bei Annäherung an den Übergang zur SS-Phase.

In der kommensurablen Region der SL1-Phase sowie in der SS-Phase wurden zusätzlich zu dem $1/r^2$-Anteil kurzreichweitige, exponentiell abfallende Anteile der longitudinalen Korrelationsfunktion beobachtet. In der Nähe der Übergangs nimmt die Korrelationslänge ξ dieses Anteils stark zu, wie in Abbildung 5.6 gezeigt ist. Die Darstellung eines exponentiellen Zerfalls mit solch großen Korrelationslängen verlangt DMRG-Rechnungen mit sehr hoher Genauigkeit, also großen Matrixdimensionen M des Matrixproduktzustandes. In der unmittelbaren Nähe des Übergangs hängt ξ stark von M ab, s. Abbildung 5.7. Eine Extrapolation nach $M \longrightarrow \infty$ stellte sich hier als schwierig heraus. In Abbildung 5.8 sind daher die Daten für die verschiedenen M zusammen abgebildet. Der 2D-Ising-Universalitätsklasse entsprechend, erwartet man für diesen kritischen Exponenten $\nu = 1$. Die Daten zeigen noch starke Abweichungen von dem erwarteten Zusammenhang. Es wären vermutlich noch weitaus größere Matrixdimensionen M erforderlich.

5.2 Übergänge zwischen kritischen Phasen

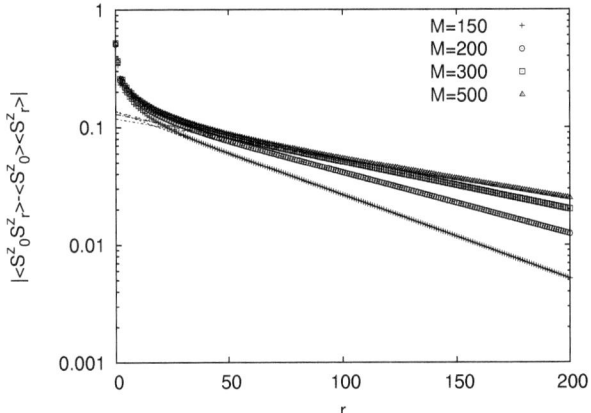

Abbildung 5.7.: Die transversale Korrelationsfunktion für $\Delta = 5, D/J = 2.5$ und $m = \frac{7}{22}$ bestimmt mit Hilfe der iDMRG für verschiedene Matrixdimensionen M. Die gestrichelten Geraden verdeutlichen den exponentiellen Zerfall in der halblogarithmischen Auftragung.

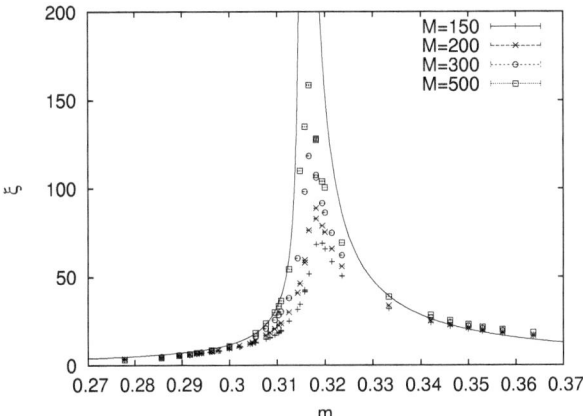

Abbildung 5.8.: Das Verhalten der Korrelationslänge ξ bei dem Übergang von der SS- zur SL-Phase. Gezeigt sind iDMRG-Daten für $\Delta = 5$ und $D/J = 2.5$. Zum Vergleich sind zwei Funktionen mit $\nu = 1$ und $m_c \approx 0.315$ gezeigt. Die kritische Magnetisierung $m_c \approx 0.315$ ergibt sich aus dem Umrechnen des zuvor bestimmten kritischen Feld $B_c = 7.762 \pm 0.002$ mit der bekannten Beziehung $m(B/J)$.

Kapitel 5. Quantenphasenübergänge

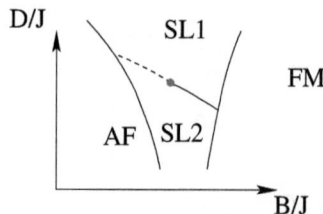
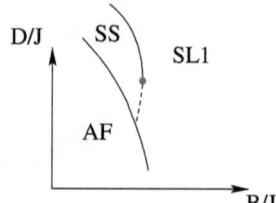

Abbildung 5.9.: Trikritischer Punkt bei dem Übergang zwischen SL1 und SL2. Tonegawa, Okunishi und Sakai [23] lokalisierten diesen Punkt im $(m, D/J)$-Diagramm bei $D \approx -1.50$ und $m \approx 0.60$ ($B/J \approx 10.15$). Durchgezogene Linien stehen für kontinuierliche Phasenübergänge, während die gestrichelte Linie einem Phasenübergang 1. Art entspricht.

Abbildung 5.10.: Vorgeschlagenes Szenario für einen trikritischen Punkt bei dem Übergang zwischen SS- und SL1-Phase. Die Position des möglichen trikritischen Punktes wurde zu $D/J \approx 1$ und $B/J \approx 8.56$ bestimmt. Durchgezogene Linien stehen für kontinuierliche Phasenübergänge, während die gestrichelte Linie einem Phasenübergang 1. Art entspricht.

Der Übergang zwischen den beiden Spinflüssigkeitsphasen war bereits von Tonegawa, Okunishi und Sakai untersucht worden [23]. Wie man ihrem Phasendiagramm, s. Abbildung 4.6 auf S. 47, entnehmen kann, liegt durch den verbotenen Bereich, der einen Sprung in der Magnetisierung hervorruft, für D/J in der Nähe von $D/J = 0$ ein Phasenübergang 1. Art zwischen diesen beiden Phasen vor. Sobald dieser Sprung für $D/J \approx -1.50$ jedoch nicht mehr auftritt, fanden Tonegawa et al. einen Phasenübergang 2. Art. Den trikritischen Punkt lokalisierten Tonegawa et al. im $(m, D/J)$-Diagramm bei $D/J \approx -1.50$ und $m \approx 0.60$ [23]. Die Magnetisierung $m \approx 0.60$ entspricht einem Feld von $B/J \approx 10.15$.

Das gleiche Verhalten ergäbe sich auch für den Phasenübergang zwischen SS- und SL1-Phase, wenn man annimmt, dass der kleine Bereich für $0 \lesssim D/J \lesssim 1$ unterhalb der verbotenen Region in Abbildung 4.7, zu der SS-Phase gehörte, wie auf S. 50 diskutiert. Dann läge für $D \lesssim 1$ ein Übergang 1. Art und für $D \gtrsim 1$ ein kontinuierlicher Phasenübergang vor. Dies führte zu dem in Abbildung 5.10 skizzierten Szenario. Die Position dieses möglichen trikritischen Punktes lässt sich abschätzen zu $D/J \approx 1$ und $B/J \approx 8.56$.

5.3 Übergang zwischen massiven Phasen

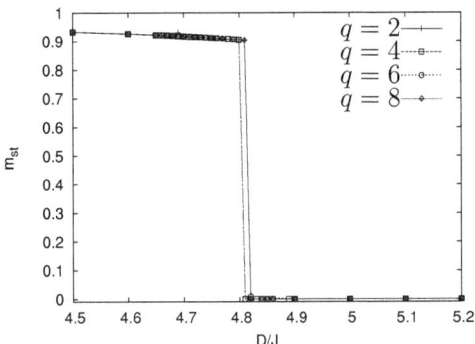

Abbildung 5.11.: Die alternierende Magnetisierung m_st für $\Delta = 5$ in Abhängigkeit von der Ein-Ionen-Anisotropie D/J für $B/J = $ (iDMRG mit M=600). q ist die Größe der Einheitszelle, vgl. Abschnitt 2.2.3, S. 19.

5.3. Übergang zwischen massiven Phasen

In dem Fall $\Delta = 5$ existiert nur ein Phasenübergang zwischen zwei massiven Phasen: jener zwischen der AF und der LD-Phase. Als Ordnungsparamter dient die alternierende Magnetisierung m_st, welche in der antiferromagnetischen Phase nicht verschwindet, während ihr Wert in der LD-Phase gleich null ist. Chen et al. [84] hatten diesen Phasenübergang als einen 1. Art identifiziert. Dazu hatten sie bei einem festen D/J das Finite-Size-Verhalten der alternierenden Magnetisierung für verschiedene Werte von Δ untersucht. Sie beobachteten, dass wie erwartet in der LD-Phase die alternierende Magnetisierung zu Null extrapolierte, in der antiferromagnetischen Phase jedoch zu einem $m_\text{st} \neq 0$ strebte. Dieses Verhalten änderte sich sprungartig in der Nähe eines kritischen Wertes von Δ. Hier lässt sich nun für festes $\Delta = 5$ die alternierende Magnetisierung m_st als Funktion von D/J betrachten. In Abbildung 5.11 ist m_st mit Hilfe der iDMRG (M=600) für verschiedene D/J bestimmt worden. Die Daten zeigen einen Sprung bei $D/J = 4.80 \pm 0.02$ und stehen so in Übereinstimmung mit der Beobachtung von [84], dass es sich um einen Phasenübergang 1. Art handelt. In der Nähe des Übergangs kann es durchaus vorkommen, dass der Algorithmus, obwohl die Parameter schon zur LD-Region zählen, in einem Zustand mit $m_\text{st} \neq 0$ steckenbleibt oder umgekehrt. Daher wurden einige unabhängige iDMRG-Rechnungen durchgeführt. Wie in Abbildung 5.11 zu sehen, ergibt dies eine kleine Ungenauigkeit in der Lokalisierung des Sprunges.

Einen weiteren Hinweis auf die Art des Phasenübergangs lässt sich auch direkt aus der Grundzustandsenergie pro Gitterplatz ϵ_0 ableiten, welche hier wegen $T = 0$ mit der freien Energie zusammenfällt. In Abbildung 5.12 ist klar erkennbar, dass die Energie in beiden Phasen fast linear von D/J abhängt, jedoch eine unterschiedliche Steigung aufweist. An dem kritischen Wert von D/J weist die Ableitung $\partial\epsilon_0/\partial D$ demnach

Kapitel 5. Quantenphasenübergänge

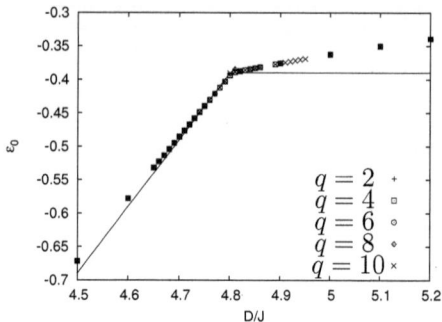

Abbildung 5.12.: Die Grundzustandsenergie pro Gitterplatz ϵ_0 in Abhängigkeit von der Ein-Ionen-Anisotropie D/J für $B/J = 0$ (iDMRG mit $M{=}600$). q ist die Größe der Einheitszelle, vgl. Abschnitt 2.2.3, S. 19. Die durchgezogenen Linien entsprechen den Steigungen für die klassischen Grundzustände im Ising-Limes (Blume-Capel-Modell), vgl. Text, wobei der y-Achsenabschnitt angepasst wurde

einen Sprung auf, wie es für einen Phasenübergang 1. Art charakteristisch ist. Hier lässt sich auch erneut direkt der Einfluss der Quantenfluktuationen sehen: Für den klassischen Néel-Zustand $|\uparrow\downarrow\uparrow\downarrow\ldots\rangle$ ist $\partial\epsilon_0/\partial D = 1$ und für den Singulett-Zustand $|00\ldots\rangle$ ist $\partial\epsilon_0/\partial D = 0$. Diese Werte für die Steigung $\partial\epsilon_0/\partial D$ sind zum Vergleich in Abbildung 5.12 eingetragen.

Abschließend sei noch darauf hingewiesen, dass der gerade bestimmte Übergang 1. Art in dem Phasendiagramm von Kapitel 3 möglicherweise zu einem multikritischen Punkt gehört: Wie es das Phasendiagramm, Abbildung 3.3 S. 31, nahelegt, treffen an diesem Punkt oder in der Nähe die Phasengrenzen zwischen AF-SS, SS-SL1 und SL1-LD aufeinander. Dieser mögliche multikritische Punkt wurde hier zu $D_{\mathrm{bc}}/J = 4.80 \pm 0.02$ und $B_{\mathrm{bc}}/J = 0$ lokalisiert.

6. Zusammenfassung

In der vorliegenden Arbeit wurden Grundzustandseigenschaften, insbesondere Phasendiagramme und Phasenübergänge, von $S = 1$ Spinketten mit Austausch-, Δ, und zusätzlicher Ein-Ionen-Anisotropie, D, im Magnetfeld, B, untersucht. Beide Anisotropien konnten uniaxial oder planar sein. Besonderes Augenmerk galt der Situation mit uniaxialer Austausch- und konkurrierender planarer Ein-Ionen-Anisotropie. Konkret wurden hauptsächlich, früheren Arbeiten folgend, zwei Fälle betrachtet: Ein festes Verhältnis der beiden Anisotropien, $J\Delta/D = 2$, und eine feste, stark anisotrope Austauschanisotropie, $\Delta = 5$, bei variablem D.

Methodisch wurde vorwiegend die DMRG- beziehungsweise iDMRG-Methode angewendet. Phasendiagramme in der $(\Delta, B/J)$- beziehungsweise $(D/J, B/J)$-Ebene ergaben sich für die klassischen Modellversionen durch direkte Energieminimierung. Für die Quanten-Spinketten konnten Phasen über die Magnetisierungsprofile, feldabhängige Gesamtmagnetisierungen $m(B/J)$ sowie verschiedene Spinkorrelationsfunktionen identifiziert werden.

Bei dem hier erstmals durchgeführten Vergleich der Phasendiagramme für die Quanten-Spinkette und das entsprechende klassische Modell sind folgende Aspekte hervorzuheben: Die Phasendiagramme ähneln sich erheblich, insbesondere gibt es antiferromagnetische, ferromagnetische, Spinflüssigkeits- (Spin-Flop-) und Supersolid- (bikonische) Phasen. Allerdings ist der Stabilitätsbereich der Supersolid-Phase gegenüber seinem klassischen Pendant in Folge von Quantenfluktuationen erheblich reduziert. Zudem treten im Quantenmodell zusätzliche Phasen auf. Diese resultieren teilweise aus der Diskretisierung des Spins, speziell die HMP und large-D-Phasen, mit analogen Strukturen im klassischen, antiferromagnetischen Blume-Capel-Modell mit der Spinvariablen $S_i = 0, \pm 1$. Kein klassisches Analogon hat die Haldane-Phase. Bemerkenswert ist ferner die Spinflüssigkeitsphase, die sich bei starker uniaxialer Austauschanisotropie und ebenso starker uniaxialer Ein-Ionen-Anisotropie zwischen die antiferromagnetische und die ferromagnetische Phase schiebt, während klassisch ein direkter Übergang zwischen der AF und FM-Phase stattfindet.

Allgemein sind in Spinflüssigkeitsphasen, im Gegensatz zur klassischen Spin-Flop-Phase, kommensurable und inkommensurable Ausprägungen möglich. Für den Fall $J\Delta/D = 2$ weisen bereits Magnetisierungsprofile für endliche Spinketten darauf hin. In der stark anisotropen Variante, $\Delta = 5$, sind quantitativ solche kommensurablen und inkommensurablen Bereiche in der $(m, D/J)$-Ebene bestimmt worden. Dazu sind mit Hilfe der iDMRG-Methode Spinkorrelationsfunktionen analysiert worden. Für die longitudinalen Spinkorrelationen $\Gamma_z(r) = \langle S_0^z S_r^z \rangle - \langle S_0^z \rangle \langle S_r^z \rangle$ findet man sowohl mit der Entfernung r asymptotisch monoton, $\sim 1/r^2$, und oszillierend, $\sim \cos(qr) r^{-\eta_z}$, algebraisch abfallende Anteile, wie bei Luttingerflüssigkeiten üblich. Abhängig von dem Wert von η_z ($\eta_z < 2$ oder $\eta_z > 2$), konnten so in der $(m, D/J)$-Ebene kommensurable und inkommensurable Bereiche bestimmt werden. Diese Unterteilung konnte in der als SL1 bezeichneten Spinflüssigkeitsphase vorgenommen werden. Eine andere Variante, die SL2-Phase, welche der Zwischenphase zwischen den antiferromagnetischen und ferromagnetischen Phasen bei genügend starker Uniaxialität des Ein-Ionen-Terms entspricht, spaltet wiederum in zwei verschiedene Bereiche auf. Je nachdem ob $\Gamma_z(r)$ oder die Vier-Spin-Korrelationsfunktion $\langle (S_0^+)^2 (S_r^+)^2 \rangle$ langsamer abfällt, erhält man bei hohen Magnetisierungen eine ferroquadrupolare Ordnung, beziehungsweise bei niedrigen Magnetisierungen eine Spin-Dichte-Welle. Sowohl diese Unterscheidung als auch die Existenz der inkommensurablen SL1-Phase waren bisher für die betrachtete Spinkette offenbar übersehen worden.

Offensichtlich gibt es für das betrachtete Modell eine Vielzahl von Quantenphasenübergängen. Hier sind insbesondere Übergänge zwischen der Spinflüssigkeitsphase und der Supersolid-Phase beziehungsweise massiven Phasen (AF und FM) analysiert worden. Der SL-SS-Phasenübergang konnte der Universalitätsklasse des zweidimensionalen, klassischen Ising-Modells zugeordnet werden: Der Wert des kritischen Exponenten β der alternierenden Magnetisierung ist kompatibel mit $\beta = 1/8$. Außerdem konnte für die longitudinale Spinkorrelationen $\Gamma_z(r)$ in der Nähe des Übergangs ein Ising-artiger-Sektor identifiziert werden, in denen Γ_z zumindest bei kleinen Abständen rein exponentiell abzufallen scheint. Für den AF-SS- wie auch den SL1-FM-Phasenübergang wurde gefunden, dass er offenbar zu der Pokrovsky-Talapov-Universalitätsklasse gehört, die einen klassischen Übergang zu uniaxial-gitteranisotropen inkommensurablen Strukturen in zwei Dimensionen beschreibt: Die Magnetisierung genügt, als Funktion des Feldes, bei Annäherung an den Übergang dem bekannten Wurzelgesetz.

Abschließend sei noch kurz auf einige offene Fragen eingegangen. Natürlich erscheint es lohnend, andere Parameterbereiche des Modells zu analysieren. Beispielsweise ist die large-D-Phase hier nicht sehr gründlich analysiert worden. Es liegen aber andere Untersuchungen hierzu bereits vor. Neben einzelnen Phasenübergängen zwischen Nachbarphasen gibt es zudem multikritische Punkte, z.B. den Schnittpunkt zwischen den AF-SS, SS-SL und AF-SL Phasen. Um das kritische Verhalten charakterisieren zu können, müssten solche Punkte genau lokalisiert werden. Selbstverständlich wäre auch eine Erweiterung der Untersuchung zu Quantensystemen auf endliche Temperaturen, $T > 0$, und höhere Gitterdimensionen interessant. Allerdings wäre für die meisten dieser Erweiterungen ein numerischer Aufwand notwendig, der heutzutage kaum realisiert werden kann.

A. Störungstheorie für negative $D \ll 0$

Für sehr kleine, negative $D \ll 0$, wenn dieser Term dominiert, d.h. $|D/J| \gg \Delta, B/J$, wird der Zustand $|S^z = 0\rangle$ unterdrückt. Die Zustände $|S^z = \pm 1\rangle$ können dann auf $S = 1/2$-Spins abgebildet werden. In zweiter Ordnung Störungstheorie in $1/D$ lässt sich dann das Ursprungsmodell (3.1) auf ein effektives XXZ-Modell $\mathcal{H}_{\text{eff}}$ abbilden mit den folgenden Parametern, vgl. [84, 85]:

$$\mathcal{H}_{\text{eff}} = J \sum_{\langle ij \rangle} \left[\frac{J}{|D|} (S_i^x S_j^x + S_i^y S_j^y) + \left(\frac{1}{|D|} + 4\Delta \right) S_i^z S_j^z \right] - 2B \sum_i S_i^z.$$

Nach Multiplikation mit $|D|/J$ lässt sich dies auch schreiben als:

$$\mathcal{H}_{\text{eff}} = J \sum_{\langle ij \rangle} \left[(S_i^x S_j^x + S_i^y S_j^y) + \underbrace{(1 + 4\Delta|D|/J)}_{\equiv \tilde{\Delta}} S_i^z S_j^z \right] - \underbrace{2B|D|/J}_{\equiv \tilde{B}} \sum_i S_i^z.$$

Das XXZ-Modell für $S = 1/2$-Spins ist für Felder $|\tilde{B}| < \tilde{B}_{c1} = \tilde{J}(1 + \tilde{\Delta})$ exakt lösbar mit Hilfe des Bethe-Ansatzes [86–88]. Das Feld $\tilde{B}_{c1} = \tilde{J}(1 + \tilde{\Delta})$ markiert dabei den Übergang zur ferromagnetischen Phase. Für Anisotropien $\tilde{\Delta} > 1$ öffnet sich eine von Cloizeaux und Gaudin [89] bestimmte Energielücke $G(\tilde{\Delta})$ und das System ist antiferromagnetisch für $\tilde{B} < G(\tilde{\Delta})$. Damit ergibt sich das Phasendiagramm wie in Abbildung A.1, vgl auch [71, 90]. Dabei ist die Funktion $G(\tilde{\Delta})$ über die folgende Reihe gegeben [89]:

$$G(\tilde{\Delta}) = \frac{\pi \sinh \Phi}{\Phi} \sum_{n=-\infty}^{+\infty} \frac{1}{\cosh[(2n+1)\pi^2/(2\Phi)]} \xrightarrow{\tilde{\Delta} \to \infty} \tilde{\Delta} - 2, \quad (A.1)$$

wobei $\tilde{\Delta} = \cosh \Phi$. Die Näherung $\tilde{\Delta} - 2$ für große $\tilde{\Delta}$ ist ebenfalls in der Abbildung A.1 gezeigt. Das störungstheoretische Modell wurde für den Grenzfall $|D/J| \gg 1$ hergeleitet. Daher gilt auch $\tilde{\Delta} = 1 + 4\Delta|D| \gg 1$, und die Näherung $\tilde{B}_{c2} \equiv G(\tilde{\Delta}) \simeq \tilde{\Delta} - 2$ kann vorgenommen werden.

Nun kann man in die Definition der Parameter des effektiven Modells die Ursprungsgrößen B, Δ und D einsetzen, um die kritischen Felder für das Ausgangsmodell (3.1) zu erhalten. Für den Übergang zu der ferromagnetischen Phase findet man so zum Beispiel:

$$\tilde{B}_{c1} = 2B|D|/J = \tilde{J}(1 + \tilde{\Delta}) = 2J - 4\Delta D.$$

Kapitel A. Störungstheorie für negative $D \ll 0$

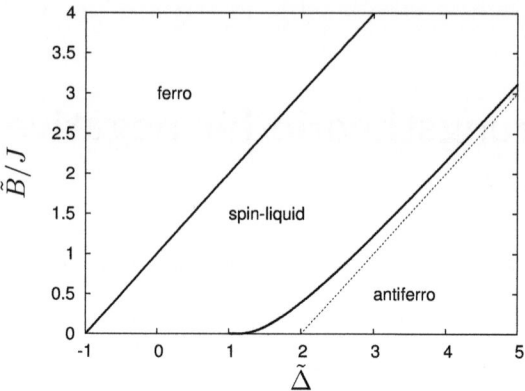

Abbildung A.1.: Das Phasendiagramm der XXZ-Spinkette für $S = 1/2$. Die gestrichelte Linie zeigt die Näherung aus Gleichung (A.1) für große $\tilde{\Delta}$.

Auflösen nach B bzw. D erbringt dann die Phasengrenzen:

$$B_{c1} = 2J\Delta - \frac{J^2}{D} \quad \text{und} \quad D_{c1} = \frac{2J^2}{-2B + 4J\Delta}. \quad (A.2)$$

Analoges Vorgehen für den Übergang zu der antiferromagnetischen Phase ergibt, dass die Phasengrenzen für diesen Übergang bei

$$B_{c2} = 2J\Delta + \frac{J^2}{2D} \quad \text{und} \quad D_{c2} = \frac{J^2}{2B - 4J\Delta} \quad (A.3)$$

liegen. An der Asymptotik der beiden ersten Ausdrücke für $D \longrightarrow -\infty$ zeigt sich, dass die Breite der SL2-Phase zwar wie $\sim 1/|D|$ abfällt, aber so für endliches D auch immer eine nicht-verschwindende Zwischenphase existiert. Die letzteren Funktionen D_{c1} und D_{c2} sind in die Abbildung 3.3, S. 31, eingetragen.

B. Bestimmung der alternierenden Magnetisierung

Die alternierende Magnetisierung m_{st} wurde für das Quanten-System über zwei Methoden bestimmt. Zum einen wurden in Kapitel 4 lokale Magnetisierungsprofile $\langle S_i^z \rangle$ gezeigt, wobei i die Kettenplätze nummeriert. Aus diesen lässt sich die alternierende Magnetisierung bestimmen, indem man die Differenz $\frac{1}{2}|\langle S_i^z \rangle - \langle S_{i+1}^z \rangle|$ für benachbarte Kettenplätze bildet. Zum anderen ist das Quadrat der alternierenden Magnetisierung wie folgt gegeben:

$$\langle m_{\text{st}}^2 \rangle = \frac{1}{L} \sum_{ij} (-1)^{i-j} \langle S_i^z S_j^z \rangle, \tag{B.1}$$

wobei L die Länge des Systems beziehungsweise des Ausschnittes ist, den man bei der iDMRG betrachtet. Um m_{st} zu bestimmen ist bei dieser Methode noch der Limes $L \to \infty$ zu bilden und dann die Wurzel zu ziehen.
In Abbildung B.1 sieht man den Vergleich der beiden Methoden für $\Delta = 5$ und $D/J = 2.5$. Für $m = 0.3$ ergibt sich ein nicht-verschwindender Wert für m_{st}, während für $m = 0.4$ die Daten zu $m_{\text{st}} = 0$ extrapolieren. In dem ersten Fall liegt also die Supersolid-Phase vor, in dem zweiten Fall die Spinflüssigkeitsphase. Die Übereinstimmung mit den Werten, die sich aus den Differenzen der Untergittermagnetisierungen ergeben, ist sehr gut. In der Nähe des Überganges zwischen SS- und SL1-Phase allerdings zerfällt die Korrelationsfunktion $\langle S_i^z S_j^z \rangle$ nur sehr langsam, vgl. Abbildung 5.6 auf S. 70. Daher ist zu erwarten, dass bei der Bestimmung über die Extrapolation von $\langle m_{\text{st}}^2 \rangle$ sehr große Längen L betrachtet werden müssen. Dieses Problem ist in Abbildung B.2 dargestellt. In der Arbeit wurde die alternierende Magnetisierung daher über die Differenz der Untergittermagnetisierungen berechnet.

Kapitel B. Bestimmung der alternierenden Magnetisierung

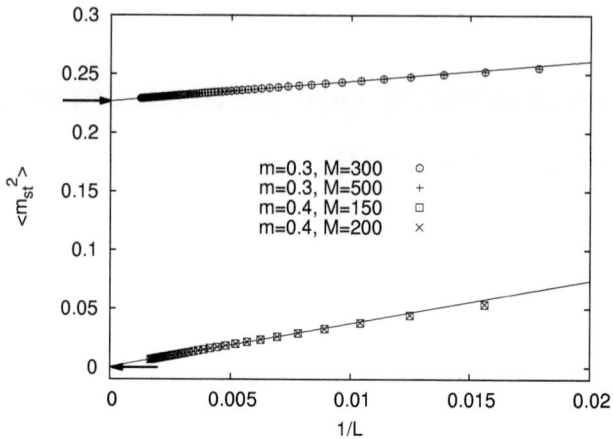

Abbildung B.1.: Das Quadrat der alternierenden Magnetisierung berechnet mit Hilfe der iDMRG-Methode für $\Delta = 5, D/J = 2.5$. Die Daten zeigen die Auswertung von Gleichung (B.1) für verschiedene Werte von L. Die Pfeile markieren die Werte, die sich aus der Differenz der Untergittermagnetisierungen ergeben.

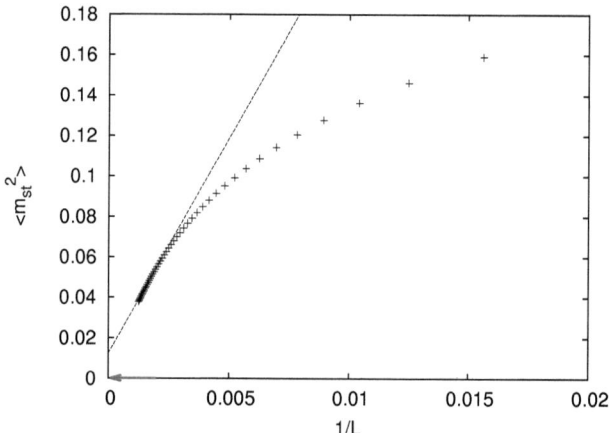

Abbildung B.2.: Das Quadrat der alternierenden Magnetisierung berechnet mit Hilfe der iDMRG für $\Delta = 5, D/J = 2.5$ und $m = \frac{7}{22}$. Wegen der Nähe zum kritischen Punkt zerfällt die Korrelationsfunktion $\langle S_i^z S_j^z \rangle$ nur langsam. Die gestrichelte Linie deutet eine mögliche Extrapolation an. Der Pfeil zeigt den Wert an, der sich aus der Differenz der Untergittermagnetisierungen ergibt.

Literaturverzeichnis

[1] Y. Shapira, in *Multicritical Phenomena*, Hrsg.: R. Pynn und A. Skjeltorp (Plenum Press, New York and London, 1984), S. 35.

[2] P. M. Chaikin und T. C. Lubensky, *Principles of condensed matter physics* (University Press, Cambridge, 1995).

[3] A. Aharony, Journal of Statistical Physics **110**, 659 (2003).

[4] R. Folk, Y. Holovatch und G. Moser, J. of Phys. Studies **13**, 4003 (2009).

[5] W. Selke, G. Bannasch, M. Holtschneider, I. McCulloch, D. Peters und S. Wessel, Condensed Matter Physics **12**, 547 (2009).

[6] T. Matsubara und H. Matsuda, Prog. Theor. Phys. **16**, 569 (1956).

[7] H. Matsuda und T. Tsuneto, Prog. Theor. Phys. Supp. **46**, 411 (1970).

[8] K.-S. Liu und M. E. Fisher, J. Low. Temp. Phys. **10**, 655 (1973).

[9] A. Andreev und I. Lifshitz, JETP **29**, 1107 (1969).

[10] G. V. Chester, Phys. Rev. A **2**, 256 (1970).

[11] A. J. Leggett, Phys. Rev. Lett. **25**, 1543 (1970).

[12] Z. Nussinov, Physics **1**, 40 (2008).

[13] D. R. Nelson, J. M. Kosterlitz und M. E. Fisher, Phys. Rev. Lett. **33**, 813 (1974).

[14] J. M. Kosterlitz, D. R. Nelson und M. E. Fisher, Phys. Rev. B **13**, 412 (1976).

[15] S. Balibar, Physics **3**, 39 (2010).

[16] K.-K. Ng und T. K. Lee, Phys. Rev. Lett. **97**, 127204 (2006).

[17] H. J. Schulz, Phys. Rev. B **34**, 6372 (1986).

[18] T. Giamarchi, *Quantum Physics in One Dimension* (Oxford University Press, New York, 2003).

[19] F. D. M. Haldane, Physics Letters A **93**, 464 (1983).

[20] F. D. M. Haldane, Phys. Rev. Lett. **50**, 1153 (1983).

[21] S. Kimura, T. Takeuchi, K. Okunishi, M. Hagiwara, Z. He, K. Kindo, T. Taniyama und M. Itoh, Phys. Rev. Lett. **100**, 057202 (2008).

[22] P. Zhou, G. F. Tuthill und J. E. Drumheller, Phys. Rev. B **45**, 2541 (1992).

[23] T. Tonegawa, K. Okunishi, T. Sakai und M. Kaburagi, Prog. Theor. Phys. Supp. **159**, 77 (2005).

[24] P. Sengupta und C. D. Batista, Phys. Rev. Lett. **99**, 217205 (2007).

[25] D. Rossini, V. Giovannetti und R. Fazio, Phys. Rev. B **83**, 140411 (2011).

[26] S. R. White und R. M. Noack, Phys. Rev. Lett. **68**, 3487 (1992).

[27] U. Schollwöck, Annals of Physics **326**, 96 (2011).

[28] I. P. McCulloch, arXiv:0804.2509.

[29] A. W. Sandvik, Phys. Rev. B **59**, R14157 (1999).

[30] A. W. Sandvik, Phys. Rev. B **56**, 11678 (1997).

[31] O. F. Syljuåsen und A. W. Sandvik, Phys. Rev. E **66**, 046701 (2002).

[32] J. C. Bonner und M. E. Fisher, Phys. Rev. **135**, A640 (1964).

[33] N. Laflorencie und D. Poilblanc, in *Quantum Magnetism*, Band 645, *Lecture Notes in Physics*, Hrsg.: U. Schollwöck, J. Richter, D. Farnell und R. Bishop (Springer, Berlin / Heidelberg, 2004), S. 227–252.

[34] H. Q. Lin, Phys. Rev. B **42**, 6561 (1990).

[35] R. B. Josef Stoer, *Numerische Mathematik 2: Eine Einführung - unter Berücksichtigung von Vorlesungen von F.L.Bauer* (Springer-Verlag, Berlin Heidelberg, 2000).

[36] R. V. Mises und H. Pollaczek-Geiringer, ZAMM - Journal of Applied Mathematics and Mechanics / Zeitschrift für Angewandte Mathematik und Mechanik **9**, 152 (1929).

[37] C. Lanczos, J. Res. Nat. Bur. Stand. **45**, 255 (1950).

[38] S. Kaniel, Math. Comp. **20**, 369 (1966).

[39] C. Paige, Ph.D. thesis, London University, 1971.

[40] Y. Saad, SIAM J. Numer. Anal. **17**, 687 (1980).

[41] S. R. White, Phys. Rev. Lett. **69**, 2863 (1992).

[42] U. Schollwöck, Rev. Mod. Phys. **77**, 259 (2005).

[43] S. Östlund und S. Rommer, Phys. Rev. Lett. **75**, 3537 (1995).

[44] S. Rommer und S. Östlund, Phys. Rev. B **55**, 2164 (1997).

[45] I. P. McCulloch, J. Stat. Mech-Theory E. **2007**, P10014 (2007).

[46] A. Kleine, *Simulating quantum systems on classical computers with matrix product states*, Dissertation, RWTH Aachen, 2010.

[47] F. Verstraete und J. I. Cirac, Phys. Rev. B **73**, 094423 (2006).

[48] J. Eisert, M. Cramer und M. B. Plenio, Rev. Mod. Phys. **82**, 277 (2010).

[49] N. Schuch, M. M. Wolf, F. Verstraete und J. I. Cirac, Phys. Rev. Lett. **100**, 030504 (2008).

[50] S. R. White, Phys. Rev. B **72**, 180403 (2005).

[51] D. Peters, I. P. McCulloch und W. Selke, Phys. Rev. B **79**, 132406 (2009).

[52] D. Peters, I. P. McCulloch und W. Selke, Journal of Physics: Conference Series **200**, 022046 (2010).

[53] M. Holtschneider, *Untersuchungen zu uniaxial anisotropen Heisenberg-Antiferromagneten in zwei Dimensionen*, Dissertation, RWTH Aachen, 2007.

[54] M. Holtschneider, S. Wessel und W. Selke, Phys. Rev. B **75**, 224417 (2007).

[55] M. Holtschneider und W. Selke, Phys. Rev. B **76**, 220405 (2007).

[56] M. Blume, Phys. Rev. **141**, 517 (1966).

[57] H. Capel, Physica **32**, 966 (1966).

[58] J. B. Collins, P. A. Rikvold und E. T. Gawlinski, Phys. Rev. B **38**, 6741 (1988).

[59] J. D. Kimel, P. A. Rikvold und Y.-L. Wang, Phys. Rev. B **45**, 7237 (1992).

[60] M. den Nijs und K. Rommelse, Phys. Rev. B **40**, 4709 (1989).

[61] T. Sakai, Phys. Rev. B **58**, 6268 (1998).

[62] D. Peters, I. P. McCulloch und W. Selke, arXiv:1111.5547.

[63] A. Läuchli, F. Mila und K. Penc, Phys. Rev. Lett. **97**, 087205 (2006).

[64] S. R. Manmana, A. M. Läuchli, F. H. L. Essler und F. Mila, Phys. Rev. B **83**, 184433 (2011).

[65] R. Chitra und T. Giamarchi, Phys. Rev. B **55**, 5816 (1997).

[66] T. Giamarchi und A. M. Tsvelik, Phys. Rev. B **59**, 11398 (1999).

[67] A. Furusaki und S.-C. Zhang, Phys. Rev. B **60**, 1175 (1999).

[68] M. B. Hastings, Phys. Rev. Lett. **93**, 140402 (2004).

[69] M. Oshikawa, M. Yamanaka und I. Affleck, Phys. Rev. Lett. **78**, 1984 (1997).

[70] P. W. Anderson, Phys. Rev. **86**, 694 (1952).

[71] H.-J. Mikeska und A. Kolezhuk, in *Quantum Magnetism*, Band 645, *Lecture Notes in Physics*, Hrsg.: U. Schollwöck, J. Richter, D. Farnell und R. Bishop (Springer, Berlin / Heidelberg, 2004), S. 1–83.

[72] F. D. M. Haldane, Phys. Rev. Lett. **47**, 1840 (1981).

[73] A. Luther und D. J. Scalapino, Phys. Rev. B **16**, 1153 (1977).

[74] J. Timonen und A. Luther, J. Phys. C Solid State **18**, 1439 (1985).

[75] R. M. Konik und P. Fendley, Phys. Rev. B **66**, 144416 (2002).

[76] N. Laflorencie und F. Mila, Phys. Rev. Lett. **99**, 027202 (2007).

[77] J. Cardy, *Scaling and Renormalization in Statistical Physics* (Cambridge University Press, Cambridge, 1996).

[78] P. Calabrese und J. Cardy, J. Stat. Mech.-Theory E. **2004**, P06002 (2004).

[79] M. Suzuki, Prog. Theor. Phys. **56**, 1454 (1976).

[80] S. Sachdev, *Quantum Phase Transitions* (Cambridge Univ. Press, Cambridge, 1999).

[81] V. L. Pokrovsky und A. L. Talapov, Phys. Rev. Lett. **42**, 65 (1979).

[82] V. L. Pokrovsky und A. L. Talapov, JETP **48**, 579 (1978).

[83] G. I. Dzhaparidze und A. A. Nersesyan, JETP Lett. **27**, 334 (1978).

[84] W. Chen, K. Hida und B. C. Sanctuary, Phys. Rev. B **67**, 104401 (2003).

[85] J. Sólyom und T. A. L. Ziman, Phys. Rev. B **30**, 3980 (1984).

[86] H. Bethe, Z. Phys. **71**, 205 (1931).

[87] C. N. Yang und C. P. Yang, Phys. Rev. **150**, 321 (1966).

[88] C. N. Yang und C. P. Yang, Phys. Rev. **150**, 327 (1966).

[89] J. D. Cloizeaux und M. Gaudin, J. Math. Phys. **7**, 1384 (1966).

[90] F. C. Alcaraz und A. L. Malvezzi, J. Phys. A-Math. Gen. **28**, 1521 (1995).

Danksagung

Mein Dank gilt Herrn Professor Selke für die ausgezeichnete Betreuung und das geduldige und eifrige Datenanfordern und -mitanalysieren.

Herrn Professor Weßel danke ich für die Übernahme des Zweitgutachtens und für die freundliche Bereitstellung seines SSE-Codes.

Für wissenschaftliche Diskussionen und fruchtbare Hinweise bin ich dankbar: F.H. Essler, F. Göhmann, M. Holtschneider, A. Kleine, A. Klümper, M. Laad, S. Manmana, I.P. McCulloch und S. Weßel.

Den Korrekturlesern schulde ich Dank: Adrian Kleine, Andreas Gierlich, Georg Harder, meinen Eltern, meinen Brüdern, Ruben Niederhagen, Jürgen Windeck und Valentina Glaubez.

Bei Ian McCulloch bedanke ich mich für sein wunderbares Matrix-Product-Toolkit.

Ohne Valeri Glaubez' Notebook, das mein defektes zeitnah ersetzte, hätte ich einige der Rechnungen und Schreibarbeiten nicht durchführen können.

Die Quantenmechanik nimmt also eine sehr eigenartige Stellung unter den physikalischen Theorien ein: Sie enthält die klassische Mechanik als Grenzfall und bedarf gleichzeitig dieses Grenzfalles zu ihrer eigenen Begründung.
Landau/Lifschitz: Quantenmechanik

Jeffrey Beaumont: It's a strange world.
David Lynch, Blue Velvet

i want morebooks!

Buy your books fast and straightforward online - at one of world's fastest growing online book stores! Environmentally sound due to Print-on-Demand technologies.

Buy your books online at
www.get-morebooks.com

Kaufen Sie Ihre Bücher schnell und unkompliziert online – auf einer der am schnellsten wachsenden Buchhandelsplattformen weltweit! Dank Print-On-Demand umwelt- und ressourcenschonend produziert.

Bücher schneller online kaufen
www.morebooks.de

VDM Verlagsservicegesellschaft mbH
Heinrich-Böcking-Str. 6-8   Telefon: +49 681 3720 174   info@vdm-vsg.de
D - 66121 Saarbrücken   Telefax: +49 681 3720 1749 www.vdm-vsg.de

Printed by Books on Demand GmbH, Norderstedt / Germany